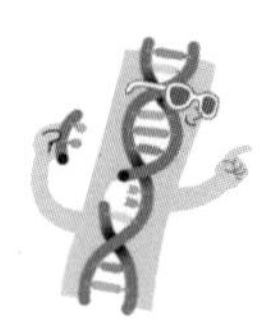

원하는 키와 얼굴을 선택하세요!

만능 유전자 가위,
크리스퍼 캐스-9의 세계

윤자영 지음

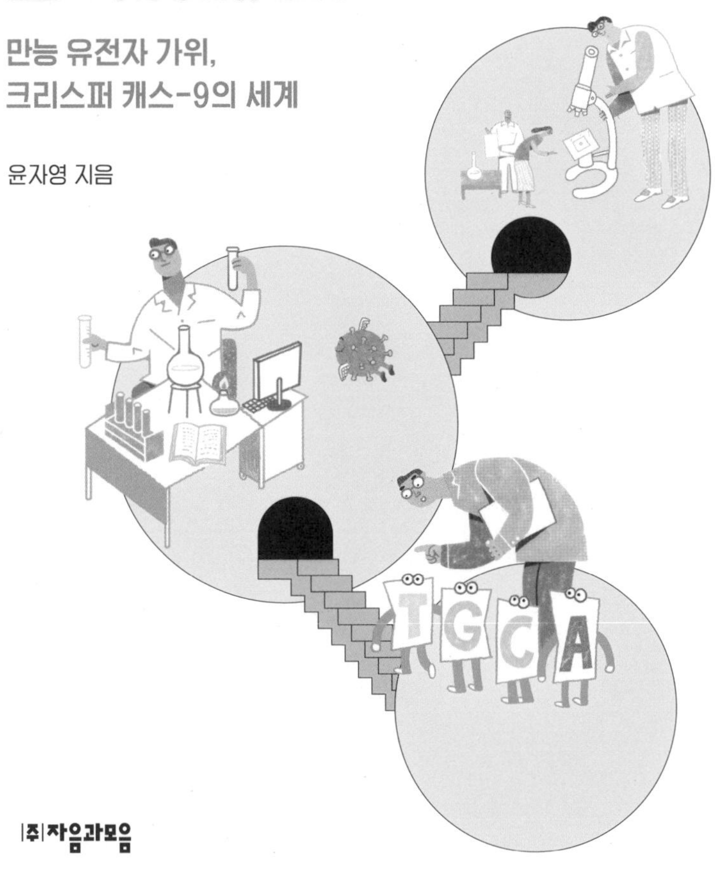

(주)자음과모음

들어가는 글

여러분, 안녕하세요. 저는 생물 선생님이자 추리소설가인 윤자영입니다.

혹시 책 제목을 보고 깜짝 놀라지 않았나요? '원하는 키와 얼굴을 선택하라니, 그게 가능해?' 하면서 말이에요. 저는 그 질문의 해답을 책에 담으려고 노력했어요. 유전자 편집 공학을 통해서 말이에요.

얼마 전 유전자조작 호박이 사회적 논란을 일으켰어요. 우리가 먹는 식품에 유전자조작 호박이 쓰였다는 기사가 시작이었죠. 많은 사람이 황당해하기도 하고 화를 내기도 했습니다. 도대체 유전자조작이 무엇이기에 그렇게 큰 논란이 되었을까요? 유전자조작 호박이 몸에 얼마나 나쁘기에 그렇게 많은 사람의 반감을 샀을까요? 그전에, 유전자는 대체 무엇이고, 또 그 유전자를 어떻게 조작한다는 걸까요?

이 책은 유전자가 무엇인지 소개하는 데에서 그치지 않고, 유전자를 자르고 붙이는 과정까지 자세히 담고 있어요. 저는 유전자 편집 기술을 여러분께 자세히 소개하고 싶어서 이 책을 썼습니다. 지금도 활발히 연구되고 쓰이는 유전자 편집 기술은 앞으로 더 광범위한 분야에 쓰일 거예요. 그리고 그 미래는 바로 여러분의 것입니다.

유전자 편집 기술이 발전하면 누군가는 유전병을 치료하고, 누군가는 동물의 장기를 이식받을 수도 있을 거예요. 우리의 평균수명이 늘어날지도 모릅니다.

혹시 유전자 가위라는 이름을 들어 봤나요? 유전자 편집 기술이 빠르게 발전한 데에는 유전자 가위의 공이 굉장히 커요. 과학자들은 유전자 가위의 발명 덕에 유전자를 편집하기 시작했어요. 우리는 이 책 안에서 과학자가 되어, 유전자 가위로 유전자를 싹둑 자르고 이어 붙여 난치병을 고치거나 멸종된 동물을 복원해 볼 거예요.

그리고 유전자 편집 기술을 어떻게 사용해야 하는지 배울 거예요. 유전자 가위를 사용했을 때 어떤 일이 일어나는지 알아보고,

어떻게 해야 유전자 편집으로 일어날 문제를 미리 막을 수 있을지 함께 의논해 봅시다. 여러분이 이 책을 다 읽었을 때쯤, 유전자 편집 공학의 희망찬 미래를 꿈꿨으면 좋겠습니다.

자, 이제 페이지를 넘겨 우리가 원하는 미래를 쇼핑해 볼까요?

2023년 5월

윤자영

차례

1장

선택한 유전자를 장바구니에 담았습니다

2장

장바구니 속 유전자, 결제했습니다

3장

유전자 가위, 교환·환불도 되나요?

4장

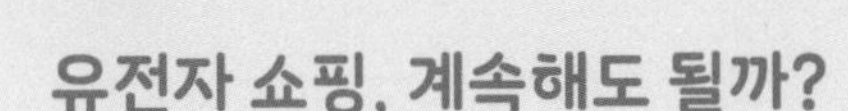

유전자 쇼핑, 계속해도 될까?

1장

선택한 유전자를 장바구니에 담았습니다

T
G
C
A

발가락이 닮았다?

여러분 안녕? 내 이름은 크리스, 크리스 선생님이야. 난 이제부터 유전자 편집 공학이라는 생명과학 주제를 여러분과 이야기할 거야.

"선생님, 성함이 본명인가요?"

하하하, 그럴 리가. 크리스라는 이름은 유전자 가위 이름에서 따왔어. 유전자 가위의 이름이 크리스퍼거든. 무한한 가능성이 있는 크리스퍼 유전자 가위에서 영감을 받아 크리스라는 이름을 만들었단다. 앞으로 우리는 크리스퍼 유전자 가위에 관해 배울 거야. 다소 어려운 내용이지만 최대한 쉽게 설명해 줄 테니 차근차근 따라오렴. 참, 모르는 것이 있다면 언제든 질문해도 된단다.

"네! 크리스 선생님!"

좋아. 크리스퍼 유전자 가위를 배우기 전에 먼저 유전에 관한 전반적인 이야기를 알아야 하니까, 질문 하나 할게. 넌 아빠를 닮았니? 엄마를 닮았니? 많이 받아 본 질문이지?

"전 엄마를 닮았어요. 엄마의 보조개를 그대로 물려받았거든요."

오, 좋아. 보조개를 물려받았다고 했는데, 어떻게 우리는 부모님을 닮는 걸까? 이 질문은 잘 기억하고 있어. 뒤에서 설명할 거야.

닮았다는 이야기를 하니까 김동인 작가의 〈발가락이 닮았다〉라는 근대 소설이 떠오르네. 주인공은 자식을 가질 수 없는 몸인데 아내가 아기를 낳아. 샅샅이 닮은 구석을 찾다가 아기의 발가락을 보니 두 번째 발가락이 엄지보다 긴 거야. 주인공은 아들의 발가락이 자신의 발가락을 닮았다고 말하면서 웃지.

지금 한 번 발가락을 봐봐. 어떤 발가락이 가장 기니?

"저는 두 번째 발가락이 엄지보다 더 긴데요?"

그렇구나. 하지만 엄지발가락이 가장 긴 사람도 있어. 하하, 부모님 발가락을 살펴보는 친구가 많겠구나.

이처럼 우리가 부모님을 닮는 것을 유전이라고 해. 오른쪽 초상화를 보자. 신성 로마 제국 합스부르크 왕가의 펠리페 2세야. 외모가 독특하지?

"턱이 뾰족하네요."

펠리페 2세 얼굴

맞아. 이 왕가는 유전을 말할 때 많이 등장해. 유럽의 왕족은 근친혼을 많이 했어. 왕족의 혈통을 유지하기 위해서였지. 그래서 사진처럼 턱과 아랫입술이 튀어나와 입이 다물어지지 않을 정도의 심한 부정교합이 자식들에게 유전되기 시작했단다. 사람들은 이런 턱을 합스부르크 립(Lip, 입술)이라고 불렀지. 합스부르크 왕가의 자식들은 이 특징을 계속 물려받았어. 모두 근친혼 때문이었지.

"선생님, 근친혼이 뭐예요?"

근친혼이란 가까운 친족과 결혼하는 거란다. 합스부르크 왕가의 펠리페 2세는 조카와 결혼했어. 그러니까 여동생의 딸과 결혼한 거야. 참고로 우리나라는 8촌 이내 결혼이 금지되어 있단다. 가까운 친척끼리 결혼하면 합스부르크 왕가처럼 문제가 될 수도 있기 때문이지.

또 다른 근친혼을 살펴볼까? 남태평양에 핀지랩섬이라는 외딴섬이 있어. 전체 인구가 185명이야. 여기에는 색깔을 아예 구별하지 못하는 사람이 18명이나 있대. 이렇게 색을 구별하지 못하는 걸 전색맹이라고 하는데, 전색맹으로 태어날 확률은 0.00001%의 확률도 안 돼. 그런데 이 섬 인구의 10%나 되는 수의 사람이 전색맹으로 태어난 거야. 왜일까? 바로 근친혼 때문이었어. 300년 전 엄청난 태풍이 불어 1,000명의 인구가 20여 명으로 줄어들자 사람이 부족해 자연스레 친족끼리 결혼하게 되었지. 이때 전색맹 유전자가 퍼져 나간 거야. 이후 사람 수는 늘었지만, 섬에 사는 사람끼리 결혼했기에 전색맹을 가진 사람이 여전히 많아. 전색맹이 아닌 사람도 잠재된 전색맹 유전자 형질을 가졌을 확률이 높지.

"선생님, 유전자는 뭐고, 형질은 또 뭐예요?"

설명을 안했구나. 그럼 형질부터 알아볼까? 사람의 몸은 다 달라. 누구는 두 번째 발가락이 길고 누구는 턱이 뾰족하잖아? 이처럼 생물이 가지고 있는 특징이나 성질을 '형질'이라고 해. 자, 그럼 여러분이 가진 형질을 하나 말해볼까?

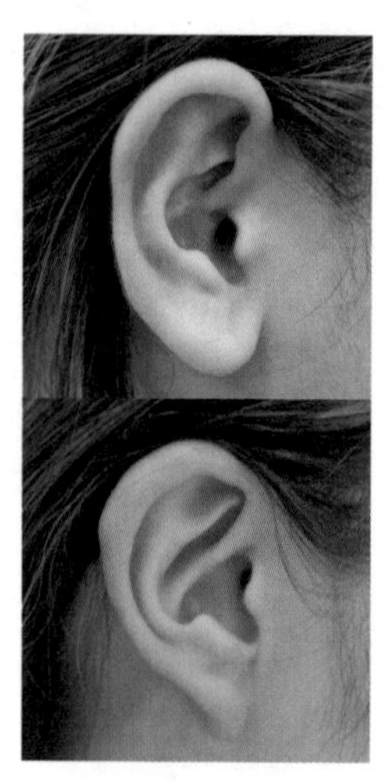
분리형 귓불(위)과
부착형 귓불(아래)

"쌍꺼풀이요."

맞아. 정확히는 눈꺼풀이지. 눈꺼풀이라는 형질에는 쌍꺼풀과 외꺼풀이 있어. 이렇게 서로 다른 형질을 대립형질이라고 해. 또 다른 예를 들어볼까? 지금 한 번 주변 사람의 귓불 모양을 살펴봐봐.

"귓불이 두툼한 사람도 있고 얇은 사람도 있

어요."

맞아. 어떤 귀는 부처님 귀처럼 귓불이 두툼하고 얼굴과 조금 떨어져 있어. 그래서 이런 귓불 모양을 분리형이라고 해. 얼굴에 착 붙어 있는 얇은 귓불 모양은 부착형이라고 하지.

"그러니까 귓불 모양이 형질이고, 분리형과 부착형이 대립형질인 거죠?"

정답이야. 이 밖에도 우리 몸의 형질은 이마선(일자형, M자형), 엄지 모양(굽은형, 일자형), 혀 말기(말 수 있는 사람, 없는 사람) 등 많단다.

"혀를 말 수 없는 것도 유전이라니, 신기해요! 그럼 대립형질은 무조건 두 개씩 있나요?"

대립형질이 꼭 두 개씩 있는 것은 아니야. 혈액형도 하나의 유전형질이거든. 혈액형의 대립형질은 몇 가지일까?

"A형, B형, AB형, O형이 있으니 네 가지요."

정답이야. 그렇다면 사람의 키는 어떨까? 사람들의 키는 모두 제각각이지? 대립형질이 아주 많은 경우야. 피부색, 키, 몸무게 등이 여기에 속해. 이렇게 다양한 형질에는 여러 가지 유전인자가 작용하기에 다인자 유전이라고 부른단다.

"키, 몸무게도 유전이라고요?"

물론이지! 다만 이런 형질은 혈액형과는 다르게 환경의 영향을 받아. 유전과 전혀 상관없지는 않지만 말이야.

앞에서 가졌던 의문을 되살려보자. 우리가 부모님을 닮은 게 형질이 유전됐기 때문이란 건 이제 알겠지? 하지만 우리는 부모님으로부터 정확히 무엇을 물려받는 것일까? 무엇 때문에 형질이 닮는 것일까?

"모르겠어요. 무엇 때문이죠?"

그럼 정답을 알려 줄게. 우리가 부모님께 물려받은 건 유전을 일으키는 물질, 유전자야.

콩 심은 데 콩 나고 팥 심은 데 팥 날까?

현대 유전 연구를 시작한 사람은 그레고어 멘델(Gregor Mendel)이야. 멘델은 1865년 〈식물 잡종에 관한 실험〉을 자연사학회에 발표하고, 이듬해 논문도 제출했어. 혹시 중학교에서 배운 멘델의법칙 기억나니? 그 멘델의법칙도 이 논문에 설명되어 있단다.

수도원 수도사였던 멘델은 자신이 발견한 유전인자, 즉 염색체와 DNA의 모습도 볼 수 없던 시절에 유전 연구를 했어. 수도원에 28,000그루의 완두를 심고 거기 열리는 완두콩을 셌지. 즉 그는 통계를 이용하여 유전법칙을 발견한 거야.

멘델의 연구는 다윈의 진화론과 맞먹는 발상의 전환이었어. 창조론이 절대적이었던 시기 진화론을 주장한 다윈처럼 멘델은 유전을 일으키는 화학물질이 존재한다는 가설을 처음으로 생각해냈어. 멘델이 말했던 유전인자는 나중에 발견되는데, 그 이름은 바로 DNA야. 이 DNA를 이해하려면 먼저 간단한 유전법칙을 알아야 해.

멘델의법칙

이제부터 본격적으로 유전법칙을 배워보자. 생물이 가지고 있는 특징이나 성질을 무엇이라고 했지?

"형질이요."

좋아. 대립형질이 뭔지도 기억하고 있지? 멘델은 완두콩으로 형질을 실험했어. 그는 완두의 7가지 형질이 어떻게 유전되는지 지켜봤지. 우리는 멘델이 지켜본 형질 중 하나, 완두콩의 색깔을 살펴볼 거야. 완두콩의 색깔은 왼쪽 사진에서처럼 노란색과 초록색이 있어. 두 완두콩의 색이 다른 이유는 두 완두콩의 유전자가 다르기 때문이야.

노란색 완두콩 유전자를 대문자인 Y, 초록색 완두콩 유전자를 소문자 y라고 할게. 보통 대립형질을 나타내는 유전자는 대문자와 소문자로 표시하거든.

멘델이 연구할 때만 해도 유전자나 염

완두콩의 색깔 형질

색체라는 개념이 없었어. 그렇기에 멘델은 유전을 일으키는 물질을 유전인자라 불렀지. 그는 유전인자가 Yy처럼 쌍으로 존재한다고 가정했어. 색깔별로 완두콩을 세면서 왜 이런 비율이 나올까 고민하다가 거꾸로 유전인자가 쌍으로 존재한다는 가정을 세운 거지. 멘델의 생각은 옳았어. 훗날 현미경으로 본 세포 속 염색체는 쌍으로 이뤄져 있었지.

"Y와 y 두 염색체는 크기가 같나요?"

맞아. 크기는 물론이고 모양도 같지. 이를 상동염색체라고 해. 멘델은 이 상동염색체를 직접 보지도 않고 생각만으로 유전인자

멘델의 이론이 증명되다

의 모양을 맞춘 거야. 정말 대단하지 않니? 이뿐만이 아니야. 멘델은 또 다른 훌륭한 예견을 했어. 그는 완두의 꽃을 살펴보며 암술과 수술을 주목했는데, 암술은 인간의 난자에 해당하는 알세포를 만들고, 수술은 정자에 해당하는 정자세포를 만들어. 멘델은 알세포와 정자세포같은 생식세포가 만들어질 때, 쌍으로 붙어있던 유전인자가 둘로 나뉜다고 가정했어.

"그럼 생식세포가 만들어질 때, 유전인자가 Y와 y로 나뉠 거라고 예상한 거네요?"

그렇지. 멘델의 예상은 정확했어. 정말 딱 그렇게 나뉘었거든.

사진을 보며 완두콩의 염색체가 어떻게 나뉘는지 살펴보자. 노란색 완두콩은 노란색 유전자가 쌍으로 들어있으니 모두 대문자인 YY로, 초록색 완두콩은 yy로 표시했어. 두 콩에서 완두가 자라고 꽃이 피었을 때, 멘델은 노란색 완두콩에서 자란 꽃의 암술과 수술 중 수술을 잘라버렸어. 초록색 완두콩에서 자란 꽃의 수술과 암술 중에는 암술을 잘랐지(물론 반대로 해도 결과는 같아). 노란색 완두와 초록색 완두를 교배하기 위해서였어. 멘델은 수술의 꽃가루를 암술머리에 묻혀 인위적인 잡종 1세대를 만들었어.

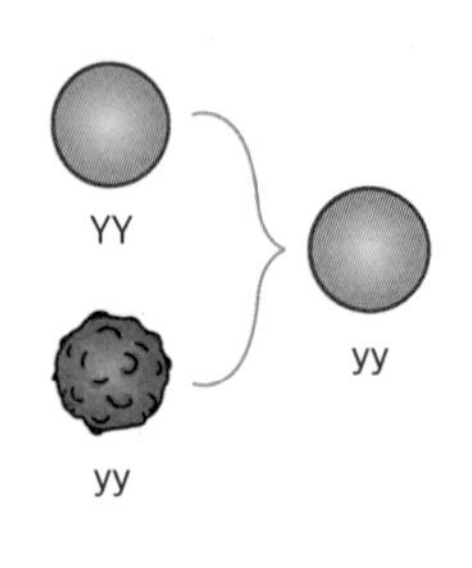

완두의 교배 실험

YY, yy처럼 같은 유전자를 가지고 있으면 순종, Yy처럼 서로 다른 유전자를 가지고 있으면 잡종이라고 해. 알세포의 유전자는 모두 노란색인 Y이고, 정자세포의 유전자는 모두 초록색인 y였으니 그 아래에서 태어난 완두콩의 유전자는 모두 Yy였겠지? 그러니 잡종 1세대 완두콩은 노란색 유전자와 초록색 유전자를 모두 가지고 있었어. 그럼 형질은 어떻게 되었을까? 놀랍게도 모두 노란색 완두콩이 열렸어.

"노란색 유전자가 초록색 유전자를 이긴 건가요?"

여기서는 그 정도로 생각해도 좋아. 멘델은 이를 우열의법칙이라고 설명했어. 두 유전자가 같이 있을 때, 겉으로 표현되는 형질을 우성, 표현되지 않는 형질을 열성이라고 했단다.

"교배해서 노란색 콩이 열렸으니, 노란색이 우성이네요!"

맞아. 그다음에 멘델은 Yy 유전자를 가지고 태어난 1세대 잡종 완두콩을 심었어. 꽃이 피었고, 암술과 수술이 만들어졌지. 이번에는 알세포와 정자세포 모두 Y(노란색), y(초록색) 두 가지 생식세포가 만들어졌어. 알세포와 정자세포가 무작위로 수분을 하자 멘델은 2세대 콩이 열리기를 기다렸다가 콩을 수확했어. 여기서 멘델은 완두콩이 일정한 비율로 나뉘어 열렸다는 사실을 발견해. 1,000개의 완두콩이 열렸다고 가정했을 때, 노란색이 750개, 초록색이 250개 열린 거야.

노란색 콩만 심었는데, 초록색 콩이 열린 거야. 극단적으로 표현한다면 콩 심은 데 콩이 나야 하는데 팥이 난거지. 콩과 팥은 서로 다른 생물 종이니 다른 예시를 들자면, 부모님은 모두 쌍꺼풀이 있는데 나는 없는 경우라고 생각할 수 있어. 부모에게 없는 형질이 자식에게 나타난 거지.

"부모에게 없는 형질이 나타난다고요?"

맞아. 오른쪽 그림을 보자. 1세대 노란색 완두콩에는 초록색 유전자가 있었어. 우열의법칙에 의해 초록색이 형질로 나타나지 않았을 뿐이야. 초록색 유전자가 잠재되어 있었던 거지. 이 잠재되었던 초록색 유전자가 2세대에서 나타난 거야. 그래서 노란색 : 초록색 = 3 : 1의 비율로 잡종 2세대가 나뉜 거야.

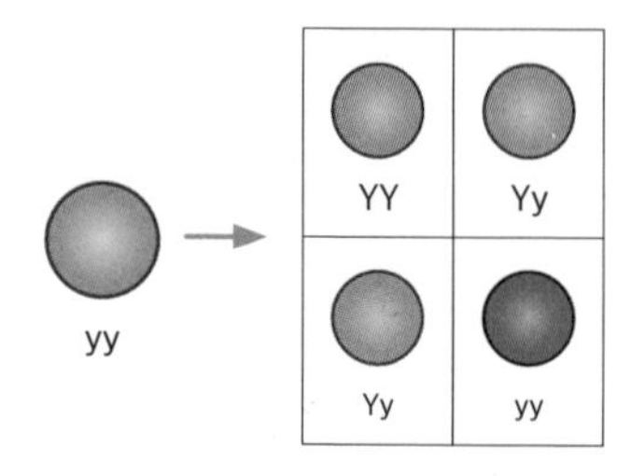

완두의 교배

지금 우리는 감수분열을 하면 상동염색체가 나누어진다는 사실을 당연히 알지만, 멘델은 훨씬 전에 눈으로 보지도 않고 유전 과정을 예측한 거야. 멘델은 유전인자가 나누어지는 것을 보고 분리의법칙이라 이름 지었어.

독립의법칙과 예외적 상황

멘델이 7가지 형질로 완두콩을 실험했다고 했지? 먼저 색을 알

아봤으니, 이제 또 다른 형질을 알아보자. 이번에는 완두의 모양이야. 완두콩에는 둥근 모양과 주름진 모양이 있어. 둥근 모양 완두콩이 우성, 주름진 완두콩이 열성이지. 둥근 모양 유전자는 R로, 주름진 모양 유전자는 r로 표현할게.

"그럼 두 유전자를 모두 가지고 있는 Rr은 둥근 완두겠네요? 그리고 이 완두(Rr)끼리 교배하면 둥근 완두콩과 주름진 완두콩이 3 : 1 비율로 열리고요?"

아주 잘 이해했구나. 그럼 색깔과 모양을 한꺼번에 생각하면 어떨까? 여기 우성의 성질끼리 모여 있는 순종, 그러니까 둥글고 노란색인 완두콩(RRYY)과 열성의 성질끼리 모인 주름지고 초록색인 완두콩(rryy)이 있어. 이 완두끼리 교배하면 어떤 완두콩이 열릴까?

"노랗고 둥근 완두콩이 열리지 않을까요?"

맞아. 우성이 눈으로 보이는 거니까. 유전자로 써보면 RrYy가 되겠지. 그럼 이 1세대 완두콩끼리 교배하면 잡종 2세대는 어떻게 나올까?

분리의법칙에 따라 어떤 생식세포(알세포, 정자세포)가 만들어지는지 생각해 보자. 색깔과 모양의 유전자를 하나씩 가지면 되니 RY, Ry, rY, ry의 총 4가지 생식세포가 만들어지겠지? 알세포도 정자세포도 4종류씩 만들어지는 거야.

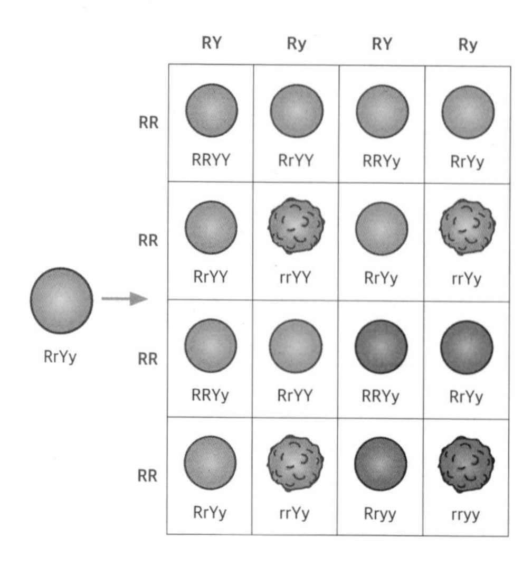

완두의 양성잡종 실험

결국 완두의 형질과 그 비율은 다음과 같아. 둥글고 노란색 : 둥글고 초록색 : 주름지고 노란색 : 주름지고 초록색이 9 : 3 : 3 : 1 비율을 이뤄. 색깔만 보면 노란색과 초록색 완두콩이 12 : 4, 즉 3 : 1 비율로 열려. 모양만 보면 둥근 완두콩과 주름진 완두콩이 12 : 4 비율, 즉 3 : 1 비율로 열리지. 색깔과 모양 모두 서로에게 영향을 미치지 않고 독립적으로 유전된다는 걸 알 수 있어. 멘델은 이를 독립의법칙이라 불렀어.

독립의법칙은 완두콩의 색깔을 결정하는 유전자와 모양을 결정하는 유전자가 R, r, Y, y 각기 다른 염색체에 나뉘어 있다는 것을 증명했어. 만약 색깔과 모양을 결정하는 유전자가 같은 염색체 안에 있었다면 이런 결과가 나오지 않았을 거야.

그렇지만 우열의법칙에도 예외는 있어. 순종인 붉은색 분꽃(RR)과 하얀색 분꽃(rr)을 교배하면 자손에서 어떤 색이 나올까?

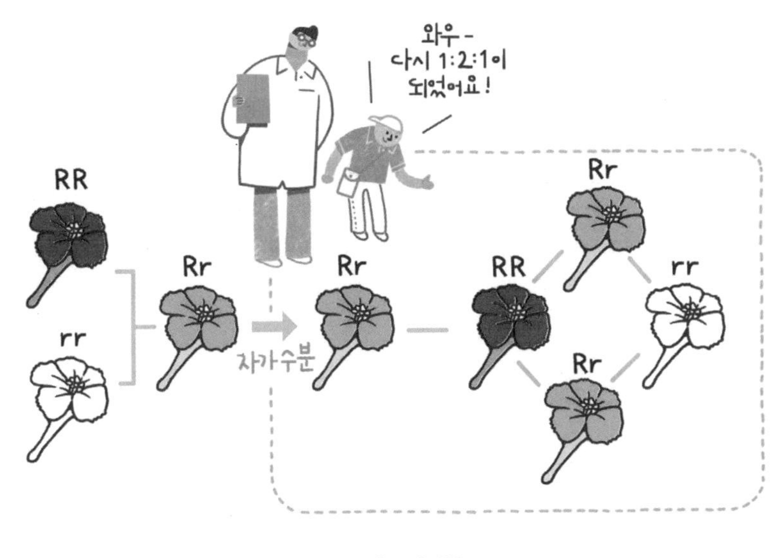

분꽃의 유전법칙

“우열의법칙이라면 두 유전자(Rr)를 모두 가지고 있으니 붉은색과 하얀색 중에서 하나가 나오지 않았을까요? 우성의 성질로 말이에요.”

하지만 분꽃은 모두 분홍색(Rr)이었어. 우열의법칙이 맞지 않았던 것이지.

“그럼 우리가 힘들게 배웠던 멘델의법칙이 틀렸단 말이에요?”

아니, 1세대의 분홍색 꽃끼리 다시 교배를 시켰더니 자손에서 붉은색(RR) : 분홍색(Rr) : 하얀색(rr)이 1 : 2 : 1의 비율로 나타났어. 멘델이 예상했던 유전자 이동과 정확히 일치했지. 단지 우성의 성질이 나타나지 않았을 뿐이야. 오히려 멘델이 예상했던 유전인자가 쌍으로 존재한다거나 생식세포를 만들 때 유전자가 분리된다는 예상을 더 확실히 증명해 주는 결과였지.

멘델은 염색체도 유전자도 발견되지 않은 시절에 완두콩의 숫자를 세서 이런 결과를 찾았어. 게다가 다른 과학자들보다 30년 이상 앞섰단다. 대단한 업적이지 않니?

모든 생명체의 시작에 DNA가 있다

현미경은 눈에 보이지 않는 작은 것을 볼 수 있도록 확대해 주는 도구야. 현미경으로 양파 세포를 관찰해 볼까? 사진 속 세포 하나하나가 두꺼운 벽으로 나뉘어 있는 게 보이니?

"네, 보여요. 그런데 세포 가운데 찍힌 푸른 점은 뭐죠?"

그게 바로 세포의 핵이란다. 맨눈으로 보이지 않을 정도로 작아.

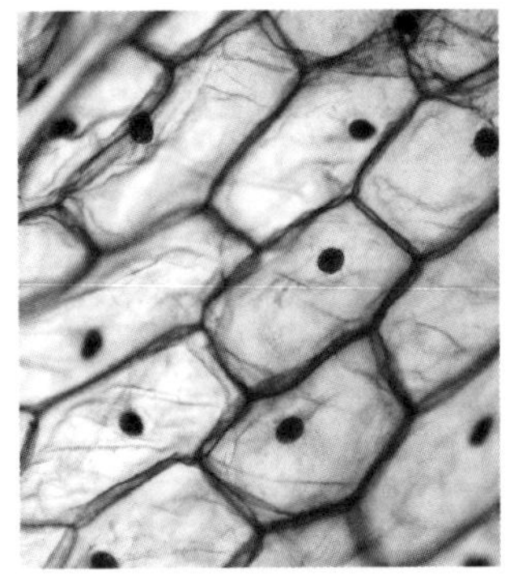
양파 세포

사진 속 양파의 핵은 약 30μm(마이크로미터)야. 즉, 0.03mm로 아주 작아. 지금 자를 꺼내서 가장 작은 눈금, 1mm를 보

자. 그것을 100개로 나눴을 때 겨우 3칸이 세포핵의 크기야. 이 작은 핵에 우리가 앞에서 배웠던 유전을 일으키는 물질인 유전자가 들어 있어.

"저 파란 점 속에 유전자가 있구나! 선생님, 그럼 유전자는 어떻게 생겼나요?"

한번 천천히 배워 보자. 일단 세포분열부터 알아볼 거야. 세포는 분열을 통해 그 숫자를 늘리는데, 먼저 코끼리와 쥐를 비교해 보자. 3,000kg 코끼리와 1kg 쥐의 세포 크기를 비교해 보면 어떨까?

"코끼리 세포가 쥐의 세포보다 3,000배 큰가요?"

그렇다면 우리는 코끼리의 세포를 맨 눈으로 볼 수 있을 거야. 하지만 코끼리의 세포를 본 적은 없지? 그러니 코끼리의 세포가 쥐의 세포보다 크지는 않아. 대신 코끼리는 쥐보다 세포의 숫자가 3,000배 많단다. 코끼리는 어떻게 쥐보다 세포를 많이 만들 수 있을까? 더 많은 세포분열을 통해 세포의 숫자를 늘리기 때문이야.

우리는 세포분열을 자주 봐 왔어. 상처를 입었을 때, 살이 아무는 것도 세포분열이야. 우리 몸이 세포분열로 세포의 수를 늘려 상처를 메우는 거지. 도마뱀 꼬리가 잘렸을 때, 꼬리를 새로 만드는 방법 역시 세포분열이야.

그 세포분열을 현미경으로 관찰하면 동그란 핵이 아닌 길쭉한

무언가가 보인단다. 그 길쭉한 물질이 바로 염색체야.

"아하! 그럼 이 염색체가 유전자군요?"

아직 그렇게 말하긴 일러. 염색체는 DNA와 단백질로 이루어져 있는데, 과학자들도 DNA와 단백질 중에서 어떤 것이 유전자인지 몰라 많은 연구를 했단다.

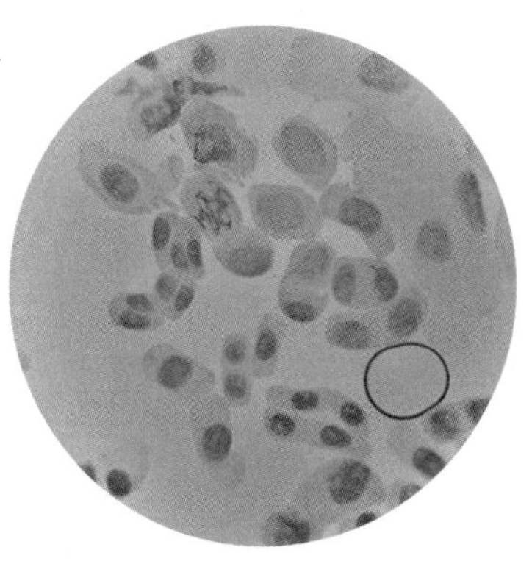

분열 세포 모습

"선생님, DNA가 대체 뭐예요?"

그건 뒤에서 자세히 설명해 줄게. 앞에서 우리가 부모님에게 유전자를 받아서 부모님과 발가락 모양이 닮은 거라고 했지? 그렇다면 유전자는 키도 결정하고, 피부색도 결정할 거야. 도대체 사람은 얼마나 많은 유전자가 있어야 모든 형질을 만들 수 있을까?

"생각해 볼게요. 하나, 둘, 셋…… 1,000개?"

물론 1,000개도 많지만, 유전자는 우리 몸의 효소, 호르몬, 항체 등 작은 세포 하나하나까지 모두 만든단다. 그러니 우리 몸에는 유전자가 천 개보다 많아야 할 것 같지 않니? 인간의 유전자를 조사한 프로젝트인 인간게놈프로젝트에 따르면 인간의 몸에는 유전자가 약 2만 1,000개 있어.

유전자 후보로 단백질과 DNA가 있었지? 누가 2만 1,000개나 되는 유전자를 만드는 걸까?

단백질과 DNA의 가장 작은 부위를 부르는 이름은 각각 아미노산과 뉴클레오타이드야. 이것들을 단위체라고 부르기도 한단다. 단위체란 분자가 만 개 이상인 고분자 화합물을 만드는, 아주 작은 물질이야. 단백질을 구성하는 단위체인 아미노산은 20종류야. DNA를 구성하는 단위체인 뉴클레오타이드는 4종류밖에 없지. 그럼 어떤 물질이 더 많은 조합을 만들 수 있을까?

"단백질이요. 20종류의 아미노산이 있으니까요."

맞아. 그래서 처음에 과학자들은 단백질이 유전자일 것이라고 생각했단다. 하지만 여러 가지 실험 결과 DNA가 유전자라는 것을 밝혀냈어. 이제 본격적으로 DNA에 관해서 알아보자.

이중나선인 DNA

핵 속에 들어 있는 DNA가 유전물질이라는 실험 증거가 속속 나오자 여기에 관심을 가진 사람들이 있었어. 바로 제임스 왓슨과 프랜시스 크릭이야. 이 둘은 DNA의 중요성을 인지하고 그 구조를 밝히기로 했어. 그런데 그건 매우 어려운 연구였어. 왜 어려웠을까?

"DNA가 보이지 않아서요?"

맞아. DNA는 너무 작아서 가장 좋은 성능의 현미경으로도 볼

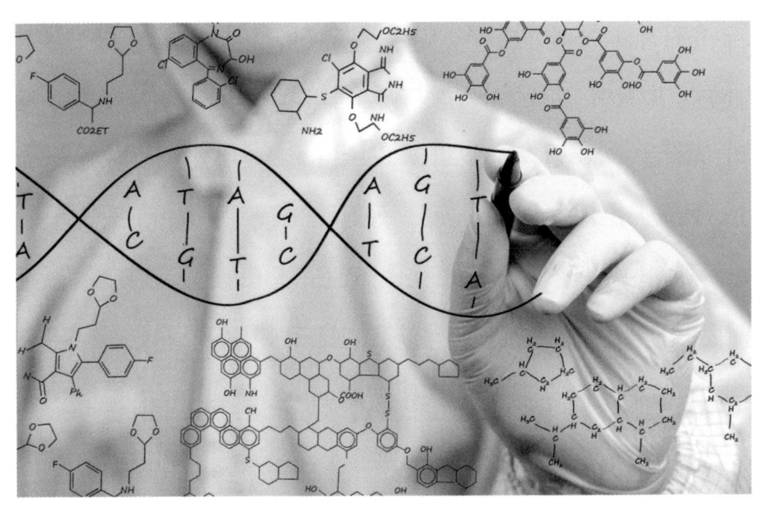

두 사슬이 꼬여 있는 DNA의 이중나선 구조

수 없었단다. DNA는 나선 두 개가 꼬인 이중나선 모양인데 나선의 지름이 2nm(나노미터)야. 나노미터는 0을 소수점 아래로 8개나 붙여야 하는 작은 단위야. 풀어 써 보면 0.000000002m(미터)가 되는 거지. 그럼 현미경으로도 보이지 않는 DNA 구조를 어떻게 밝혔을까?

두 사람은 X선 사진을 이용했어. X선은 엑스레이 사진을 찍을 때 쓰는 강한 빛이야. 두 사람은 이 X선으로 DNA를 찍었지. 엑스레이 사진으로 DNA가 이중나선으로 되어 있다는 점을 알아냈어. 또 나선의 크기까지 계산했지.

1953년에 두 사람은 DNA의 구조를 밝혀냈어. 이중나선 구조가 유전자를 복제하는 구조인 걸 알았지. 사진을 보면 두 사슬이 마주보며 꼬여 있지? 이 두 사슬을 분리하고 또 다른 사슬을 붙이면 똑같은 DNA를 두 개 만들 수 있어. 그러니까 이중나선 구조는 똑같은 유전자를 가진 세포 두 개를 만들 수 있는 구조였던 거야. 똑같은 세포를 두 개 만든다는 것은 단세포 생물인 아메바, 짚신벌레에게는 번식이나 다름없어. 생물은 이렇게 자신과 똑같은 DNA를 자식에게 전달하는 거야.

1962년 왓슨과 크릭은 이 위대한 연구로 노벨생리의학상을 수상했단다.

DNA의 구조

DNA는 Deoxyribo Nucleic Acid의 줄임말이야. Deoxyribo는 디옥시리보스, 즉 DNA에 들어 있는 당의 이름이야. 포도당의 당과 똑같은 뜻이지. Nucleic은 핵이고, Acid는 산성 물질이야. 그러니까 Deoxyribo Nucleic Acid는 '디옥시리보스가 달린, 핵 속에 있는 산성 물질'이라는 뜻이지.

"선생님, 머리가 깨질 것 같아요."

괜찮아. DNA가 줄임말이라는 것만 생각하고 넘어가도 뒤의 내용을 이해하는 데 큰 문제는 없어.

이제 DNA의 구조를 자세히 살펴볼 거야. 앞에서 본 사진처럼

DNA는 이중나선 모양이란다.

"그런데 DNA 안쪽에 알파벳이 쓰여 있던데요?"

오, 잘 발견했단다. 그 영어 알파벳은 염기라는 물질을 표현한 거야. 앞서 DNA의 단위체를 배웠는데 기억하니?

"뉴클레오타이드요."

그래, 뉴클레오타이드는 산성 물질인 인산, 당, 염기로 이루어져 있어.

"잠깐만요. 여기서 당이 아까 말씀하신 디옥시리보스인가요?"

와! 정답이야. 것 봐. 배우니까 쓰임이 있지? 이 뉴클레오타이드의 인산과 당이 이중나선의 뼈대가 돼. 우리가 사진에서 본 두 개의 나선이 바로 인산-당 뼈대란다. 그럼, 뉴클레오타이드에서 인산과 당을 빼면 뭐가 남을까?

"염기요!"

맞아. 뉴클레오타이드의 염기가 인산과 당으로 이뤄진 뼈대 안쪽에 놓이지. 자세히 보면 두 개의 염기끼리 결합해 있는데, 이를 염기쌍이라고 해. 인간의 세포핵에는 이 염기쌍이 약 32억 개 들어 있어.

"와! 그렇게 많이요?"

여기서 중요하게 봐야할 것은 염기의 종류야. 염기의 종류는 4가지야. 바로 아데닌(A), 구아닌(G), 사이토신(C), 타이민(T)이지.

하나의 유전자를 이루는 4가지 염기

이 네 가지 염기의 조합이 우리 몸의 모든 유전자를 이룬단다. 마치 컴퓨터가 0과 1, 두 개의 숫자로 모니터에 나오는 모든 영상과 소리를 만드는 것 같지 않니?

"컴퓨터는 2진법이라고 하잖아요. 그럼 DNA는 4진법이라고 할 수 있나요?"

DNA는 숫자가 아니니 그렇게 말할 수 없지만, 비슷하단다. 아무튼 DNA의 염기만 보면 네 알파벳이 무작위로 반복돼.

AGCTAGCTGATCGATGTCGCGCTAGCTAGCT

이렇게 말이지. 이것이 바로 유전자란다.

"선생님, 잘 모르겠어요. 이렇게 무작위로 배열된 알파벳이 어떻게 귓불 모양을 만들고, 눈 색깔을 표현할까요?"

그건 차차 배울 거야. 이처럼 무작위로 배열된, 그러니까 염기의 종류와 배열 순서를 염기 서열이라고 해. 여기서는 염기 서열이 유전자가 된다는 걸 이해했으면 충분해.

DNA 염기 서열 → 유전자

암호를 풀어라

이제 생명의 중심 원리라는 조금 어려운 내용을 배울 거야. 유전자가 발현되는 과정을 배울 텐데, 유전자 발현이란 DNA 염기 서열이 형질로 나타나는 과정이야. 이 내용은 고등학교 1학년 과학에서 배우는 내용이고, 앞으로 나올 유전자 가위의 전반적인 내용을 이해하기 위해서 반드시 익혀야 하는 것이란다. 즉, 수학의 구구단 같은 기본 내용인 거지.

"선생님, 벌써부터 겁주지 마세요."

충분히 쉽게 설명할 테니 걱정 마. 그럼 유전자 발현 공부를 시작해 볼까? 우리는 처음에 형질에 관해 배웠어. 다시 한 번 복습하는 의미로 형질이 뭔지 대답해 볼래?

"생물이 가지고 있는 특징이나 성질이요."

그래, 잘 기억하고 있구나. 수많은 형질 중에서 눈의 색으로 설명해 볼게. 형질은 유전자에 의해 결정된다고 했어. 앞에서 DNA의 특정 염기 서열이 유전자라고 했지? 즉, 눈의 색깔을 결정하는 것은 DNA의 특정 염기 서열이란다. 눈은 어떤 색이 있지?

"우리나라는 거의 검은색이지만 외국인은 파란색과 초록색도 있어요."

맞아. 눈에서 색을 띠고 있는 부분을 홍채라고 하는 것은 알지?

"네, 홍채는 동공의 크기를 조절해서 눈으로 들어오는 빛의 양을 조절해요."

잘 배웠구나. 이 홍채에는 멜라닌이라는 검은색 색소가 있는데, 이 멜라닌의 양에 따라 홍채의 색이 결정된단다. 즉, 홍채에 멜라닌 색소가 많으면 검은색, 적으면 초록색이나 파란색이 되는 거야. 그럼 이 홍채의 멜라닌 색소는 누가 어떻게 만드는 걸까? 바로 단백질이야. 정확히는 단백질 효소인데, 효소란 몸의 여러 화학 반응을 촉진하는 물질이야. 멜라닌 색소를 만드는 단백질 효소가 있어. 다시 말하자면 홍채에 멜라닌 색소를 만드는 단백질 효소가 많으면 검은색, 적으면 초록색이나 파란색이 되는 거란다.

"그럼 DNA 염기 서열이 단백질 효소를 만들고, 단백질 효소의 양이 홍채의 색을 결정하는 거네요?"

정확하구나. 유전자는 특정 단백질을 만드는 설계도라고 생각하면 되는 거야. 예를 더 들어볼게. 음식을 먹으면 위에서 소화가 일어나는 것은 알지? 위에서 단백질을 소화하는 효소가 나오는데 이름을 아니?

"네, 알아요. 위에서 나오는 소화효소는 펩신이잖아요."

그래, 소화효소에는 위에서 나오는 펩신도 있고, 아밀레이스라는 탄수화물 소화효소와 라이페이스라는 지방 소화효소도 있지. 이 효소들은 모두 단백질로 구성되어 있단다.

또 대부분의 호르몬도 단백질이란다. 혈당량을 낮춰 주는 인슐린도 단백질이야. 병원균과 싸우는 항체도 모두 단백질로 이루어져 있지. 이처럼 단백질은 우리 몸의 생리작용을 돕는 중요한 물질이야.

"그럼 효소, 호르몬, 항체도 DNA 염기 서열이 만들겠네요?"

앞에서 DNA가 단백질을 만드는 설계도라고 했지? 만든다기보다 설계하는 거야. 혹시, 단백질은 어떤 단위체로 이루어지는지 알고 있니?

"네, 기억나요. 단백질은 아미노산으로 이루어져 있죠!"

맞아. 그리고 아미노산의 종류는 총 20가지야. 이 20종류의 아미노산 배열 순서에 따라 단백질의 종류가 결정되는 거야.

"아, 알겠어요. DNA 염기 서열이 20종류의 아미노산 중에서 어

아미노산에 따라 달라지는 단백질

떤 아미노산을 사용할지 정하는 거군요? 혹시 이게 생명의 중심 원리인가요?"

DNA 염기 서열 → 아미노산 종류

아직이야. 앞에서 DNA는 세포의 핵 속에 있다고 했어. 하지만 단백질이 만들어지는 곳은 세포질의 리보솜이라는 소기관이야. 두 장소 사이 거리가 있지? 과연 핵 속의 설계도를 가지고 어떻게 핵 바깥쪽에 있는 리보솜에서 단백질을 합성할 수 있을까?

"편지를 보내는 것이 아닐까요? 히히."

오호. 농담처럼 말했지만 정답에 가까워. 세포핵과 리보솜 중간에 정보를 전달하는 물질이 있어. 그 물질은 바로 RNA야. 생명의 중심 원리는 다음과 같다고 말할 수 있어.

복제 ⟳ DNA —전사→ RNA —번역→ 단백질

DNA로 RNA를 만드는 과정을 '전사(Transcription)', RNA를 이용하여 단백질을 합성하는 과정을 '번역(Translation)'이라고 해. DNA에서 RNA로, RNA에서 단백질로 정보가 넘어가는 거지.

"선생님, 모든 생명이 이 과정을 거치나요?"

점점 예리한 질문을 하는구나. 맞아. 대체로 그렇지. 모든 생물이 그럴 줄 알았는데 예외적인 생물이 발견되었어. 유전물질이 DNA가 아니라 RNA인 생물, 바이러스야. 바이러스는 먼저 RNA로 DNA를 만든 후 다시 그 DNA로 RNA를 합성해. 그 다음에 단백질을 합성한단다.

요리를 하려면 재료를 알아야 한다

유전을 배우는데 갑자기 무슨 요리를 하냐고? 전사와 번역 과정을 배우려면 요리처럼 각각의 재료를 알아야 해. 밥을 하려면

뉴클레오타이드로 만드는 DNA와 RNA

무슨 재료가 필요하지?

"쌀이랑 물이 필요해요."

정답이란다. 그럼 좀 더 복잡한 요리를 말해볼까? 카레는?

"감자, 양파, 고기, 당근……"

맞아. 카레에 다른 재료가 들어갈 수도 있지만 4가지만 들어간다고 생각하자. 만약 DNA, RNA, 단백질을 만들려면 어떤 재료가 필요할까?

DNA라는 이름의 음식을 만든다고 해 보자. 4가지 색이 예쁘게 어울린 음식을 만들려면 4가지 재료가 필요하겠지? 그 재료의 이름은 뉴클레오타이드야. 이 4가지 뉴클레오타이드는 모두 인산과 당으로 만들어졌어. 다만 종류가 다를 뿐이지. 인산과 당에 붙어 있는 염기에 따라 뉴클레오타이드의 종류가 달라진단다.

이 4가지 DNA 재료를 아데닌(A), 구아닌(G), 사이토신(C), 타이민(T)이라고 부른다는 건 앞서 이야기했으니 기억하지?

RNA 요리는 어떨까? RNA도 DNA와 비슷하지만 RNA용 뉴클레오타이드가 따로 있어. RNA와 DNA의 뉴클레오타이드가 다른 이유는 사용된 당이 다르기 때문이야. DNA 뉴클레오타이드에 있는 당은 디옥시리보스라 부르고, RNA 뉴클레오타이드에 있는 당은 리보스라고 불러. RNA용 뉴클레오타이드에도 아데닌(A), 구아닌(G), 사이토신(C)이 있어. 딱 하나, 타이민(T)이 없는 대신 유라실(U)이 있지. 그러니까 DNA와 RNA모두 4가지 뉴클레오타이드

	재료	종류	비고
DNA	뉴클레오타이드	4가지 A, G, C, T	이중나선, 디옥시리보스
RNA	뉴클레오타이드	4가지 A, G, C, U	단일 사슬, 리보스
단백질	아미노산	20가지	글라이신, 트립토판, 메싸이오닌 등

DNA, RNA, 단백질의 차이

를 사용하지만, DNA의 뉴클레오타이드에는 T가, RNA의 뉴클레오타이드에는 U가 들어간다고 기억하면 되겠어. 그리고 DNA의 구조는 이중나선이었지? RNA는 단일 사슬이야.

앞에서 잠깐 말했듯 단백질도 다르지 않아. 단백질의 재료는 20종류의 아미노산이 되겠지. 단백질의 가장 작은 단위, 그러니까 단위체가 아미노산이라고 했어. 아미노산에는 20종류가 있으니 번호를 매겨 보자. 1번 아미노산부터 20번 아미노산으로 말이야. 단백질은 이 20번까지의 아미노산이 무작위로 늘어서 있는 거란다. 5개의 아미노산으로 이뤄진 단백질을 생각해 볼까?

선생님이 무작위로 아미노산 번호를 넣어봤어. 이 조합과 다른 조합도 있을 수 있겠지? 첫 번째 자리에 3번 아미노산 하나만 넣었는데, 실은 한 자리에 20종류의 아미노산을 모두 넣을 수도 있단다. 첫 번째 아미노산에도 두 번째 아미노산에도 세 번째 아미노산에도 말이야. 그럼 얼마나 많은 단백질을 만들 수 있을까?

한 자리에 최대 20개씩 넣을 수 있으니까, 5자리면 20×20×20×20×20이야. 그러니까 아미노산을 결합해 총 320만 종류의 단백질을 만들 수 있단다. 엄청나지? 이렇게 단백질은 많은 수의 아미노산으로 이뤄져 있어. 참고로 우리의 혈당량을 낮추는 호르몬인 인슐린은 51개의 아미노산이 서로 연결되어 있단다.

이렇게 DNA와 RNA, 그리고 단백질은 서로 연결되어 있어. 뉴클레오타이드의 이름을 바꾸는 게 염기라고 했지? 그 염기의 순서를 염기 서열이라고 했어. 다시 정리하면 DNA 염기 서열이 RNA 염기 서열을 결정하고, RNA 염기 서열이 단백질의 아미노산 번호를 결정하는 거야.

RNA를 만들어라

DNA의 염기 서열로 RNA 염기 서열을 지정하는 과정을 전사(Transcription)라고 했지? 이 전사 과정을 자세히 보기 전에 똑같은 DNA를 만드는 과정인 복제(Replication) 과정을 먼저 알아보자. DNA를 복제할 때는 조금도 틀림없이 똑같이 만들어야 해. 유전자에는 몸의 모든 정보가 들어 있어서 잘못 복제하면 몸이 엉망이 되거든. 사람은 물론이고 단세포 생물에게도 DNA는 중요해. 단세포 생물은 세포를 나눠서 개체 수를 증가시키니까, DNA가 조금만 달라져도 몸을 나눠 만든 새 단세포 생물이 살아남기 어려워.

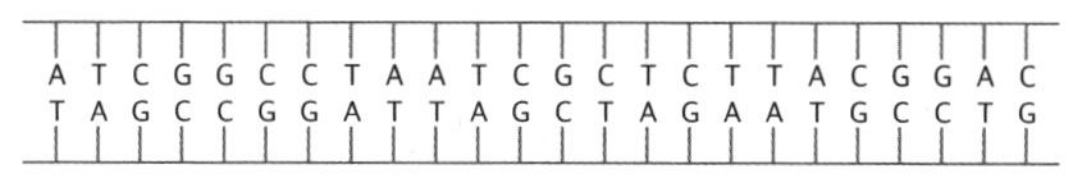

DNA 이중나선 속 염기의 모습

자, 그럼 복제 원리를 살펴보자. DNA는 이중나선이고 4가지 염기를 사용한다고 했으니 위와 같이 표현할 수 있을 거야. 위 그림의 염기는 선생님이 무작위로 배열한 거야.

원래 DNA의 이중나선은 꽈배기처럼 꼬여 있지만, 그림에선 꼬인 나선을 풀었어. 어때? 사다리처럼 보이지? 사다리의 발판마다 염기끼리 짝을 맺고 있는 게 보일 거야. 혹시 염기들 사이 규칙이 보이니?

"염기 A와 T가, G와 C가 같이 있어요."

아주 잘 찾았어. 그렇게 일정하게 짝을 맺은 염기를 우리는 염기쌍이라고 해. A-T, G-C가 항상 염기쌍을 이룬단다. 왜 그럴까? 그건 염기의 크기 때문이야. A와 G는 T와 C보다 분자의 크기가 크단다. 그럼 A-A는 T-T 염기쌍보다 크겠지? 그렇게 짝을 맺었다면 꽈배기처럼 꼬여 있는 이중나선의 지름이 지금처럼 일정하지 않았을 거야. 큰 염기와 작은 염기가 쌍을 이뤘기에 우리가 보는 그림처럼 모든 지름이 똑같이 20nm인 이중나선이 완성된 거지. 이렇게 A에 T가 붙고 G에 C가 붙는 염기쌍의 관계를 우리는 상보적 염기라고 부른단다. 'A의 상보적 염기는 T, G의 상보적 염

A-A, T-T로 이뤄진 이중나선과 정상적인 이중나선

기는 C'처럼 말이야. 우리는 상보적 염기를 이용해 두 개의 DNA를 만들 수 있어.

"다른 염기가 짝을 이루는데 어떻게 똑같은 DNA를 만들어요?"

좋아, 그럼 위의 DNA를 실제로 복제해보자. 먼저 DNA를 복제할 때는 지퍼를 열듯 DNA의 염기 결합을 푼단다. 그리고 각 사슬에 상보적 염기를 붙여 새로운 염기쌍을 만들면 돼. 그림의 빨간색 사슬이 새로 만들어진 사슬인데, 기존 사슬과 새 사슬의 염기가 서로 잘 짝지어졌지? 이렇게 상보적 염기를 끼워 넣으면 똑같은 DNA를 두 개 만들 수 있어.

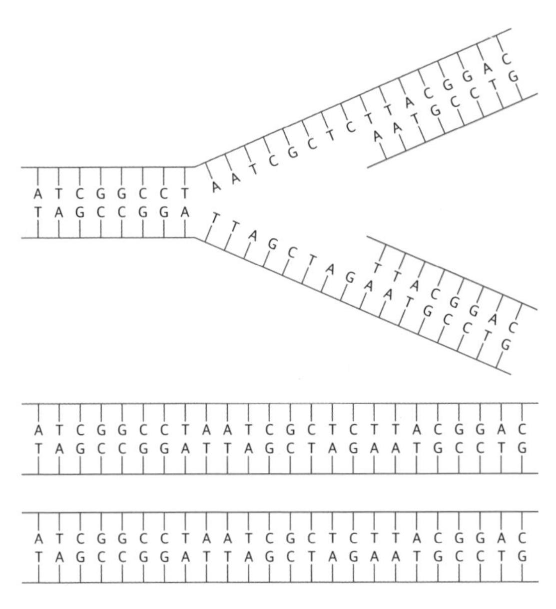

DNA 복제 과정

"상보적 염기를 붙이니 정말 똑같아졌네요?"

맞아. 우리는 똑같은 DNA를 만드는 복제 과정을 알아보았어. 이제 DNA를 이용해 RNA를 만드는 전사 과정을 알아보자. 복제 과정을 잘 이해했다면 전사 과정은 더 쉽단다. 원리가 비슷하거든. 앞에서 DNA와 RNA의 차이를 알아보았는데, 기억하니?

"RNA는 단일 사슬이고, 염기 T(타이민) 대신에 U(유라실)를 사용한다고 했어요."

그게 전부란다. RNA는 단일 사슬이기 때문에 DNA의 두 가닥 중 하나를 전사하면 되는데 전사되는 DNA 가닥을 주형 가닥이라

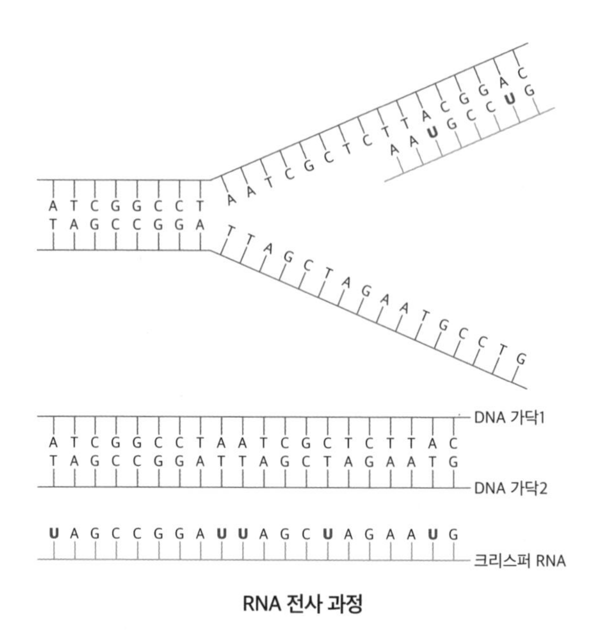

RNA 전사 과정

고 해. 이 주형 가닥에 상보적 염기를 끼워 넣으면 돼. 단, RNA에 없는 T(타이민) 대신에 U(유라실)만 넣으면 되는 거야. 정말 쉽지?

아, 그리고 RNA의 역할이 뭐였는지 기억하니?

"편지의 역할이라고 했잖아요."

맞아. 편지. DNA는 핵 속에 있고, 단백질 합성은 세포질의 리보솜에서 일어난다고 했잖아? 그러니까 RNA는 DNA와 단백질 중간에서 유전정보를 전달하는 역할을 하지. 핵 속에서 합성된 단일 사슬인 RNA는 핵을 빠져나와서 단백질이 만들어지는 세포질

의 리보솜으로 간단다. 그리고 유전자 발현의 마지막 과정인 번역이 이루어져.

단백질을 합성하라

이제 마지막 과정인 번역 과정까지 왔어. 전사된 RNA를 이용해서 단백질을 합성하는 거지. 앞에서 단백질의 종류가 어떻게 결정된다고 했지?

“20종류 아미노산의 배열에 따라 달라져요.”

그렇지. 이제 우리는 DNA가 준 정보를 아미노산이 어떻게 받아들이는지 배울 거야. 과학자들이 연구한 과정을 배우는 것도 좋지만, 어렵기도 하고 우리는 유전자 가위라는 신기술을 배울 것이기에 결론만 간단히 설명할게.

유전정보를 따른 단백질을 만들려면, DNA의 염기 4종류를 이용해 암호를 만들고, 이 암호로 아미노산 20종류를 지정해야 해. 어떻게 적은 수의 염기로 많은 수의 아미노산을 지정할까? 결론을 말하자면 염기 3개가 하나의 암호가 되어 하나의 아미노산을 지정해. 왜냐면 염기 2개를 암호로 사용하면 총 16개의 암호밖에 만들 수 없거든. 암호를 모두 써볼게. AA, AG, AC, AT, GA, GG, GC, GT, CA, CG, CC, CT, TA, TG, GC, TT. 모두 16개지? 염기를 2개씩만 사용한다면 더 많은 암호를 만들 수 없어. 아미노산은 20종류인데, 암호문이 16개라면 4개의 아미노산은 지정할 수 없잖니? 그래서 20개의 아미노산을 모두 지정하는 암호를 만들려면 최소 3개의 염기가 한 조가 되어야 해. 염기 3개로 되어있는 DNA의 암호를 트리플렛 코드(Triplet Code)라고 불러. AAA, AAG, AAC, AAT, AGA, AGG…… 등 염기를 3개씩 묶어 만든 총 64개의 암호지.

"아하, 염기 3개가 암호가 된다는 건 알겠어요. 하지만 단백질을 만드는 번역에는 DNA가 아니라 RNA가 사용된다면서요?"

점점 똑똑해지는구나. DNA 코드 TAC를 RNA에 전사하면 어떻게 되지?

"T의 짝은 A고, A의 짝은 T지만, RNA니까 U, 마지막 C의 짝인 G…… AUG요!"

그래, DNA 암호는 모두 RNA로 바뀌니까, RNA의 3개 염기가 아미노산을 지정하는 직접적인 암호가 되는 거지. 과학자 니런버그는 실험실에서 이것을 모두 밝혀내 1968년에 노벨생리의학상을 받았단다. 니런버그는 아미노산을 지정하는 RNA 3개의 염기를 코돈(Codon)이라고 불렀어. 그럼 코돈은 총 몇 개일까? DNA 암호와 마찬가지로 RNA를 구성하는 염기도 4종류이니 3개의 염기를 묶으려면 4×4×4, 즉 64가지의 코돈이 나오겠지? 64개의 코돈 표는 다음과 같아.

두 번째 염기

첫 번째 염기	U		C		A		G		세 번째 염기
U	UUU UUC	페닐 알라닌	UCU UCC UCA UCG	세린	UAU UAC	타이로신	UGU	시스테인	U C A G
	UUA UUG	류신			UAA	종결 코돈	UGA	종결 코돈	
					UAG	종결 코돈	UGG	트립토판	
C	CUU CUC CUA CUG	류신	CCU CCC CCA CCG	프롤린	CAU CAC	히스티딘	CGU CGC CGA CGG	아르지닌	U C A G
					CAA CAG	글루타민			
A	AUU AUC AUA	아이소류신	ACU ACC ACA ACG	트레오닌	AAU AAC	아스파라진	AGU AGC	세린	U C A G
	AUG	메싸이오닌 (개시 코돈)			AAA AAG	라이신	AGA AGG	아르지닌	
G	GUU GUC GUA GUG	발린	GCU GCC GCA GCG	알라닌	GAU GAC	아스파트산	GGU GGC GGA GGG	글라이신	U C A G
					GAA GAG	글루탐산			

코돈표

전사된 RNA가 리보솜에 닿으면 리보솜은 RNA의 코돈에 맞는 아미노산을 순서대로 붙여 단백질을 완성해. 그런데 언제 시작하고 언제 끝내야 하지? 하나의 단백질을 만들려면 암호의 시작과 끝이 있어야 하는데, 대체 어느 코돈에서 시작하고, 어느 코돈에서 아미노산을 그만 붙여야 할까?

"코돈 표에 있는 개시 코돈과 종결 코돈은 뭐예요?"

잘 찾았어. 바로 하나의 단백질을 이루는 아미노산 암호를 시작하는 코돈과 끝내는 코돈이야. 정말 과학적이지? 이 작은 분자 세계에 이런 정밀함이 숨어 있다니 말이야. RNA가 붙으면 리보솜은 AUG라는 개시 코돈부터 번역을 시작해. 개시 코돈은 아미노산도 지정하는데, 메싸이오닌이라는 아미노산을 가져와. 그러니 모든 단백질은 메싸이오닌이라는 아미노산으로 시작함을 알 수 있어. 그리고 차례차례 코돈에 맞는 아미노산을 붙이다가 종결 코돈인 UAA, UAG, UGA 중 하나를 만나면 더 이상 아미노산을 붙이지 않아 번역 과정을 마치는 거야.

"알 것도 모를 것도 같아요."

그럼 한 번 그 과정을 그려 보자. 다음 그림의 RNA를 번역해 볼까?

U A U G C G G A U U A G C U A G A A

"선생님, AUG가 개시 코돈이니까 처음 나오는 염기 U는 버리나요?"

그렇지. 개시 코돈부터 번역을 시작하는 거야. 그 후 염기는 중복 없이 세 개씩 코돈을 이루지. 그림 속 RNA의 개시 코돈은 AUG이고, 다음으로 세 개씩 끊으면 CGG, AUU, AGC, UAG(종결 코돈)가 되는구나.

그림 속 RNA로 번역된 단백질은 각 코돈에 따라 메싸이오닌,

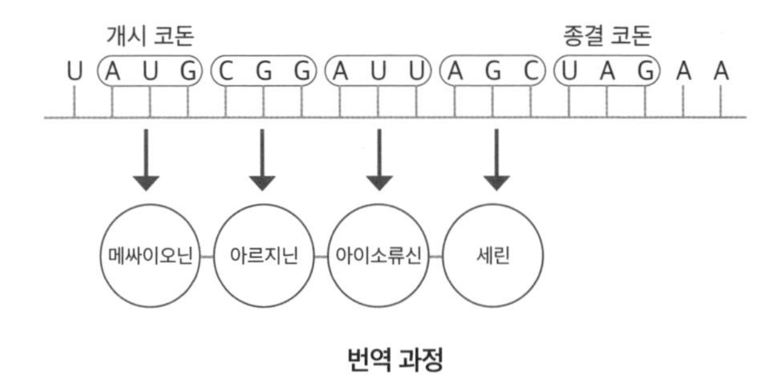

번역 과정

아르지닌, 아이소류신, 세린 총 4개의 아미노산으로 이루어짐을 알 수 있어.

"아하, 이제 알겠어요. 그런데 실제 단백질 암호는 더 길겠죠?"

그렇단다. 수십에서 수백 개의 아미노산으로 이루어져 있으니까 말이야. 혈당량을 낮추는 호르몬인 인슐린이 51개의 아미노산으로 되어 있다고 한 것 기억나지?

그런데 아미노산 순서를 알면 이 과정을 거꾸로 할 수도 있지 않을까? 51개의 아미노산을 만든 코돈을 이어 붙여 RNA를 만들 수 있겠지? 거꾸로 더 나아가면 DNA도 만들 수 있을 거야. 이게 유전자재조합이야. 이 기술로 대장균에서 인슐린을 생산하고 있단다.

"더 자세히 설명해 주세요."

좋아. 먼저 DNA를 잘라 인슐린 단백질의 정보를 담은 DNA를 복제해. 그 다음에는 대장균의 플라스미드란 DNA에 붙여 넣어. 그럼 대장균은 인슐린 단백질의 정보가 든 DNA를 RNA에 전사할 거야. 그 RNA가 번역되면 인슐린 단백질이 만들어지겠지? 과학자들은 그렇게 인슐린을 생산한 거야.

이렇게 우리가 필요한 유전자를 자르고, 붙이고, 고치고 이를 정밀하게 활용하려면 유전자를 자르는 크리스퍼 유전자 가위가 필요하단다. 이제 본격적으로 유전자 가위에 대해 배워볼까?

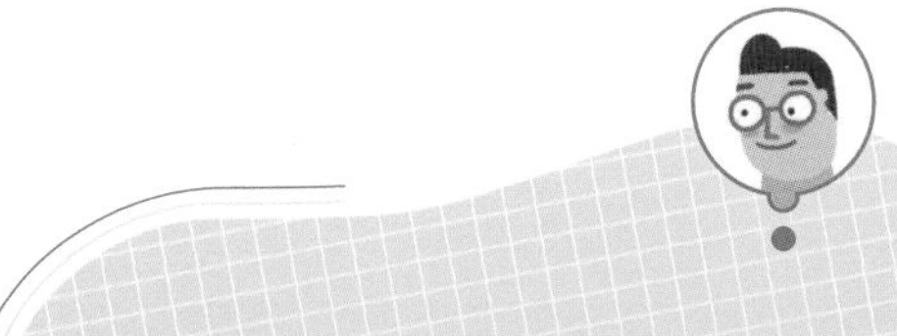

유전자 만능 가위 크리스퍼

이제 본격적으로 크리스퍼 유전자 가위가 무엇인지 배울 거야. 유전자 가위라는 이름을 들으니 무엇이 떠오르니?

"유전자인 DNA를 자르는 기능이 있을 것 같아요."

맞아. 하지만 유전자를 자르는 일은 쉬울까? DNA는 크기가 매우 작아서 유전자를 찾기도 힘들고, 유전자를 자를 수 있는 물리적 가위를 만든다는 것은 말도 안 돼.

"그럼 어떻게 자른다는 거예요?"

정답은 효소야. 위에서 나오는 효소인 펩신 기억나지? 펩신은 단백질을 잘라 낼 수 있어. 단백질은 아미노산의 연결체니까, 펩신 효소는 작은 아미노산 결합을 잘라 내는 가위라고 할 수 있지.

"아, 그러니까 유전자 가위도 효소군요? DNA를 자르는 효소 말이에요."

정답에 가까워. 하지만 유전자 가위가 펩신처럼 작동한다면, 그러니까 DNA를 무작위로 자르는 효소라면 세포 안의 DNA를 갈기갈기 잘라 버려 세포는 죽어 버릴 거야. 유전자 가위의 핵심은 내가 원하는 곳을 정확히 자르는 거야. 보이지도 않는 DNA의 정확한 부분을 자르는 것은 매우 어려운 일이지.

우리가 배울 크리스퍼 유전자 가위 전에도 유전자를 자르고 붙이는 기술이 있었단다. 그건 바로 유전자재조합 기술이야. 우리는 앞으로 배울 크리스퍼 유전자 가위를 이해하기 위해 먼저 개발된 기술인 유전자재조합에 관해 배워볼 거야.

1장에서 우리는 DNA가 유전자라는 것을 알았어. 하나의 세포에 인간의 유전자가 몇 개 들었다고 했지?

"약 2만 1,000개라고 했어요."

맞아. DNA는 지름이 2nm로, 현미경으로도 볼 수 없다고 말했었지? 다만 세포분열 시 기다란 DNA가 규칙적으로 뭉쳐서 눈에 보이는 염색체 형태로 바뀐단다. 인간의 염색체는 23쌍이야. 그렇다면 세포 하나에 2만 1,000개의 유전자가 있으니까, 세포 속 염색체 하나에는 몇 개의 유전자가 있어야 하지?

“유전자의 수 2만 1,000개를 염색체 수 23으로 나누면…… 약 1,000개요?”

좋아. 하지만 염색체마다 크기가 달라서 염색체 하나에는 수천 개에서 수백 개의 유전자가 들어 있어. 그림에서 보면 빨간색으로 된 부분이 특정 단백질을 암호화하는 유전자야. 이 부분의 DNA 염기 서열을 RNA로 전사하고 번역하면 DNA의 정보를 따른 단백질이 만들어지는 거야.

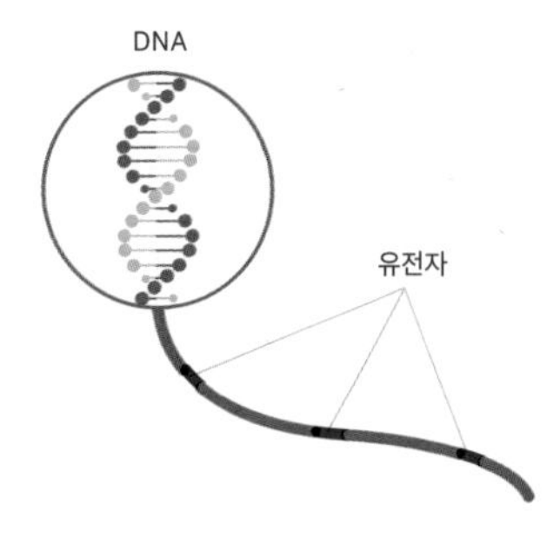

단백질을 암호화하는 유전자의 위치

다시 인슐린을 생각해 보자. 이자라는 소화기관을 아니? 위 뒤쪽에서 호르몬과 소화효소를 만드는 소화기관이야. 이 이자에서 만들어진 호르몬인 인슐린이 혈당량을 낮춰 주는 역할을 해. 그럼 이 인슐린이 분비되지 않으면 어떻게 될까?

“혈당량을 낮추지 못하니 당뇨병에 걸려요.”

그렇지. 당뇨병에 걸리면 애써 소화하고 흡수한 포도당이 오줌으로 나가 버려. 그뿐만 아니라 여러 가지 합병증이 생겨 목숨까지 위험할 수 있어.

당뇨병은 인슐린 주사로 치료해. 과거에는 소와 돼지의 인슐린을 추출해 사람의 당뇨병 치료에 사용했어. 하지만 동물에서 나오는 양이 적어 모든 사람의 치료에 사용할 수 없었지. 1980년대에 유전 원리를 밝힌 과학자들은 이를 당뇨병 치료에 이용하기로 했어. 인슐린은 51개의 아미노산으로 이루어진 단백질인데, 과학자들은 인슐린 단백질 속 유전자의 염기 서열을 모두 밝혀냈거든. 그러니까 알아낸 인슐린 유전자를 인위적으로 전사, 번역하여 인슐린을 생산하려고 한 거지. 문제는 어떤 세포로 전사와 번역 과정을 하느냐가 문제였어. 과학자들은 아주 좋은 세포를 발견했는데 바로 대장균이야.

대장균에는 일반적인 DNA 말고도 작은 원형으로 된 플라스미드라는 DNA가 있어. 과학자들은 플라스미드를 분리해서 거기에 사람의 인슐린 유전자를 끼워 넣었지. 그런데 보이지도 않는

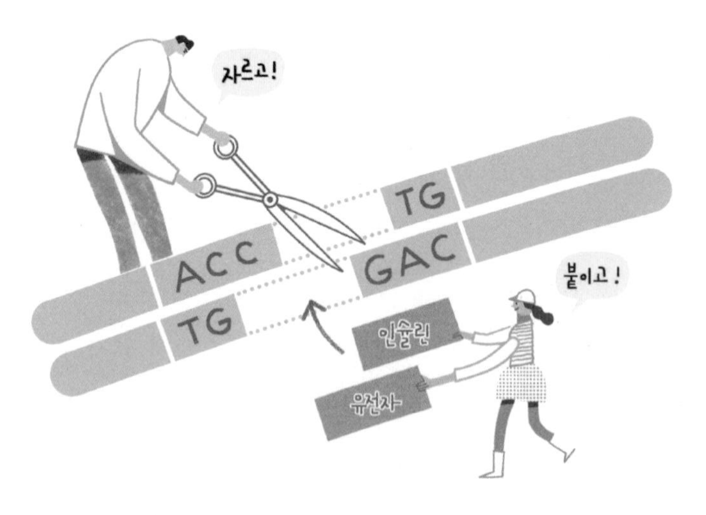

대장균에서 분리한 플라스미드에 인슐린 유전자를 끼워 넣는 과정

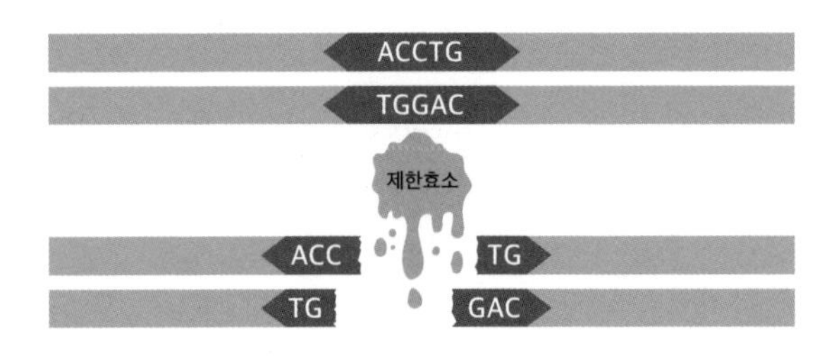

제한효소의 작용

DNA를 어떻게 자르고 플라스미드에 끼워 넣었을까?

"효소로 잘라서 끼워 넣어요! 그런데 효소가 DNA 아무 곳이나 막 자르면 어떡하죠?"

아무 곳이나 마구 자르면 안 되지. 그래서 과학자들은 제한효소(Restriction enzyme)를 사용해. DNA의 이중나선을 자르는 효소가 바로 제한효소야. 이 제한효소는 DNA의 특정 염기 서열을 인식해서 그곳만 잘라. 현재까지 제한효소 수백 종류가 밝혀졌는데, 4~8개의 염기 서열을 인식해서 그 부분의 DNA를 자른단다. 이처럼 제한효소가 인지하는 특정 염기 서열을 제한효소 자리(Restriction Site)라고 해.

그림의 예시를 볼까? DNA 한쪽 사슬의 염기 서열은 ACCTG이고, 반대쪽 사슬은 상보적 염기가 결합하니 TGGAC야. 이 다섯 쌍의 염기 서열이 제한효소 자리가 되는 거야. 그림의 제한효소가 이 제한효소 자리를 인지하고 싹뚝 잘라버리는 것이지. 수백 종류의 제한효소는 각기 다른 제한효소 자리를 가지고 있어서 DNA에서 자르는 부위가 달라. 그러니 수백 가지의 DNA용 가위가 있는 거야.

자, 그럼 제한효소를 이용하여 인슐린 유전자를 삽입한 플라스미드를 만들어 볼까?

먼저, 플라스미드를 대장균에서 뽑아서 특정 제한효소로 잘라. 그리고 인슐린 유전자도 같은 제한효소로 잘라. 동일한 가위로 잘랐기에 자른 부분의 염기쌍이 딱 맞아서 인슐린 유전자를 플라스미드에 넣을 수 있겠지?

"잘린 DNA들은 저절로 붙나요?"

자르는 가위가 있다면 붙이는 풀도 있겠지? 물론 풀의 기능을 하는 것도 단백질 효소야. 풀의 역할을 하는 효소 이름은 DNA 연결 효소(Ligase)라고 해. 이제 완성된 재조합 플라스미드를 다시 대장균에 넣어. 그럼 대장균은 인슐린 유전자를 전사, 번역할 테고 인슐린 유전자에 의해 인슐린 단백질이 만들어지는 거야. 과학자들은 이 방법으로 인슐린을 대량 생산할 수 있었고, 저렴한 가격으로 당뇨병 환자들을 치료할 수 있었어.

당뇨병을 치료하는 방법을 알아보니 제한효소가 만능처럼 보이지 않니? 필요한 유전자를 자르고 다시 붙여서 사용하는 도구니

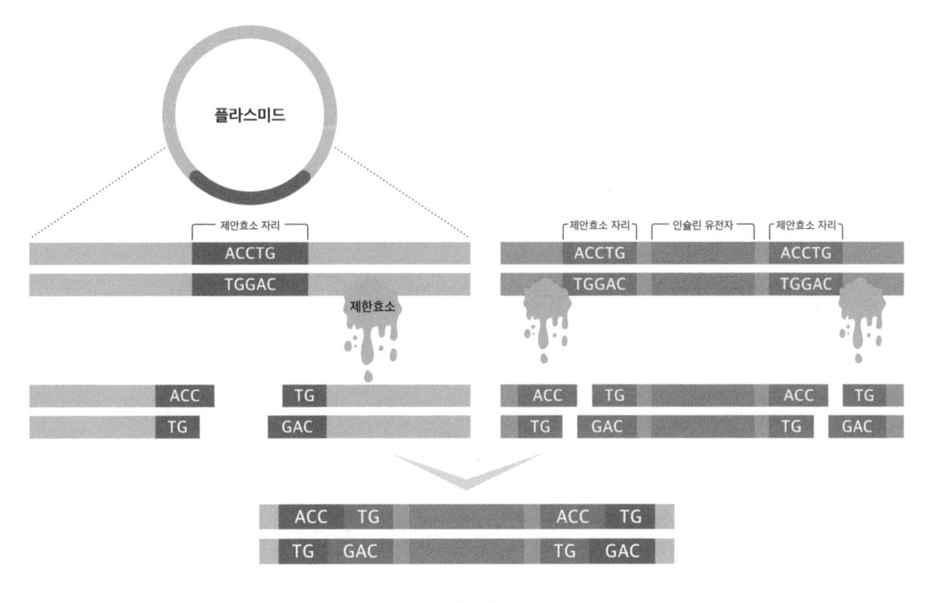

유전자재조합 과정

까 말이야. 하지만 유전자 편집은 생각처럼 쉬운 일이 아니야. 우리 인간의 DNA는 32억 쌍(64억 개)의 염기로 이루어져 있어. 한마디로 굉장히 많다는 것이지. 염기쌍이 많으니 제한효소의 기능에 제약을 받아.

"왜요? 염기쌍이 많더라도 제한효소는 특정 염기쌍만 인지하잖아요."

그게 문제라는 거야. 제한효소 자리는 4~8개의 염기 서열이라고 했는데, 32억 쌍이나 되는 DNA 전체에는 이론상 똑같은 제한효소 자리가 수만 개나 존재해. 그렇다면 제한효소에 의해 DNA

는 조각날 것이고, 핵심 유전자라도 잘린다면 세포가 죽을 거야. 이 부분은 나중에 자세히 배우게 될 거야.

"그럼 제한효소 자리가 긴 효소를 찾으면 되겠네요?"

그런 질문을 하다니! 충분히 이해를 했구나? 맞아. 제한효소 자리가 길면 길수록 제한효소에 잘리는 부분의 수가 적어질 거야. 하지만 반대로 자르고 싶은 곳을 자를 수 없다는 문제가 생겨. 그래서 과학자들은 DNA에서 원하는 곳만 자를 수는 없을까 하는 고민에 빠졌지. 그때 세포에서 이상한 염기 서열의 DNA를 발견해. 바로 크리스퍼 유전자야. 과학자들은 여기서 힌트를 얻어 크리스퍼 유전자 가위를 만들게 되었어. 내가 원하는 곳만 자르는 가위가 탄생한 거야.

크리스퍼 DNA

오래 기다렸어. 이제 우리 책의 주제인 크리스퍼 유전자 가위에 대해 배워 보자. 크리스퍼는 독특한 DNA 염기 서열이야. 1987년에 세균에서 크리스퍼가 처음 발견되었어. 크리스퍼란 이름을 보면 그 생김새나 기능을 알 수 있어. 크리스퍼의 영어 CRISPR는 Clustered Regularly Interspaced Short Palindromic Repeats의 줄임말이야. 각각의 영어 뜻을 해석해 볼게.

Clustered : 무리를 이룬 / Regularly : 규칙적으로

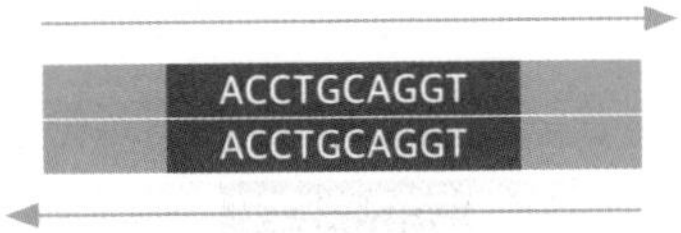

ACCTGCAGGT
ACCTGCAGGT

회문 구조의 염기 서열

Inter spaced : 간격 / Short : 짧은

Palindromic : 회문 / Repeats : 반복하다

'일정한 간격으로 분포하는 짧은 회문 구조의 DNA 염기 반복 서열'로 해석할 수 있어.

"선생님, 너무 헷갈려요. 먼저 회문 구조가 뭐예요?"

회문 구조는 앞에서 읽으나 뒤에서 읽으나 동일한 단어를 말해. DNA는 이중나선이지? 앞서 DNA 구조를 배울 때 자세히 말해 주진 않았는데, 실은 DNA에는 방향성이 있어. 두 나선이 서로 반대인 방향성을 가지고 있단다.

그림을 봐 줄래? 위쪽 사슬의 염기는 ACCTGCAGGT이고, 아래쪽 사슬은 상보적 염기라 TGGACGTCCA야. 하지만 방향성 때문에 아래쪽 염기 서열은 반대로 읽어야 해. 아래쪽 사슬을 거꾸로 읽으면 ACCTGCAGGT가 되어 위쪽 나선과 염기 서열이 같아지지? 이를 회문 구조라고 해. 여기서는 지면상 10개의 염기만 썼지만, 크리스퍼 유전자의 회문 구조는 20개에서 40개의 염기가 서열을 이뤄. 32억 쌍의 염기를 생각한다면 20~40개의 염기

회문 서열 비반복 서열 회문 서열 비반복 서열 회문 서열 비반복 서열 회문 서열

크리스퍼 서열의 모형

서열은 짧지? 그래서 짧은(Short)이 들어가는 거야. 이 회문 구조의 염기 서열은 반복되는데, 그 사이에 비반복적 서열이 규칙적으로 끼워져 있어.

크리스퍼를 그림으로 그리면 위 그림과 같은 모양이 될 거야. 회문 서열이 반복되어 있고, 그 사이마다 비반복 서열이 규칙적으로 끼워져 있지. 비반복 서열의 색을 다르게 표현한 것은 염기 서열이 다르다는 뜻이야. 이 크리스퍼는 세균과 고세균에서 대부분 발견되는데 처음 발견했을 때는 이 독특한 구조가 무엇을 뜻하는지 알 수 없었어. 하지만 곧 과학자들의 피나는 연구로 크리스퍼가 '세균이 바이러스에 대항하는 일종의 면역 장치'라는 것을 알 수 있었어.

"면역이요? 세균도 병에 걸려요?"

물론이야. 세균도 바이러스라는 병원체 때문에 죽는단다. 그럼 이제 크리스퍼 연구 과정을 간단히 배워 보자.

세균도 바이러스와 싸운다

그런데 세균이 무엇이고, 바이러스가 뭔지 아니?

"우리는 세균과 바이러스 때문에 질병에 걸리잖아요."

맞아. 결핵이나 폐렴 같은 질병은 세균이 전파하고, 우리가 고생했던 코로나19는 바이러스가 전파하지. 이왕 배우는 김에 조금 더 배워보자. 둘의 차이를 한마디로 설명하면 세균은 생명이고, 바이러스는 생명이라고 단정할 수 없어.

나무는 생명이지만, 나무로 만든 책상은 생명이라고 할 수 없듯이 말이야. 둘의 차이는 뭘까? 무엇을 생명이라고 할 수 있을까? 생명은 다음과 같은 특징이 있어.

세포 구조, 물질대사, 자극에 대한 반응, 항상성, 발생과 생장, 생식과 유전, 적응과 진화의 성질이 생명의 특징이야. 세균도 생명이기 때문에 세균은 스스로 살아가면서 번식할 수 있어. 하지만 바이러스는 달라. 먼저 세포 형태가 아니야. 세포는 인지질 중층이란 세포막으로 싸여 있는데, 바이러스는 단백질 외피로 싸여 있어. 바이러스는 스스로 물질대사를 할 수 없고, 번식도 할 수 없어. 하지만 이 바이러스가 숙주세포에 들어가면 달라. 바이러스의 단백질 외피 안쪽에는 유전물질(DNA, RNA)이 들어있는데 바이러스는 숙주세포 속으로 이 유전물질을 집어넣어. 그리고는 숙주세포의 효소를 이용하여 물질대사를 하고, 유전물질을 복제하여 바이러스의 수를 늘리는 증식을 해. 그래서 바이러스는 생물과 비생물의 중간쯤으로 여겨진단다.

박테리오파지라는 바이러스가 있어. 그림을 봐봐. 생김새가 멋지지 않니? 마치 외계인의 우주선처럼 생겼어. 박테리오파지는 과학자들의 연구에 많이 사용되는 바이러스고, 자연계 어디서나 발견되는 흔한 바이러스야. 이 우주선 같은 외피 안쪽에 유전물질인 DNA가 들어 있어. 이 DNA에는 박테리오파지의 외피를 만드는 암호가 있을 거야.

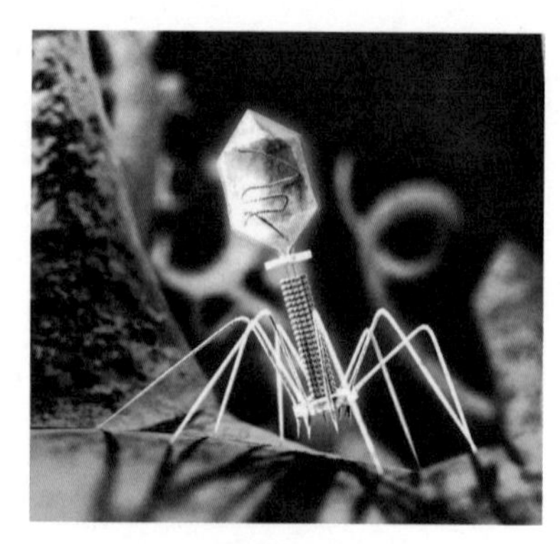

박테리오파지

지구를 침략하는 외계 우주선 같은 박테리오파지는 DNA만 세균 안쪽에 침투시켜. 박테리오파지의 DNA는 즉시 세균의 효소들을 이용해서 전사와 번역을 시작하고, 세포 안에서 수많은 박테리오파지를 만들어내. 그러다보면 박테리오파지로 가득 찬 세균이 폭발하면서 더 많은 박테리오파지가 생겨날 거야. 세균이 폭발할 때 빠져나온 박테리오파지는 다시 새로운 세균을 찾아 그 안에 DNA를 넣겠지. 이 과정이 계속 반복될 거야. 그러니 세균의 입장에서 박테리오파지는 잔인한 살인마지. 이 전쟁이 계속되면 박테리오파지에 의해 세균은 전멸할 거야.

세균이 박테리오파지에 대항하는 방법

이런 원리로 사람도 바이러스에 감염되어 질병에 걸려. 감기가 바이러스에 의해 걸리는 대표적인 질병인데, 기침하고 콧물을 흘리다가도 우리는 곧 회복해. 왜인지 아니?

"우리 몸에서 방어 작용을 하는 거잖아요."

잘 알고 있구나. 우리 몸은 방어 작용으로 항체를 만들고, 감염된 세포를 죽여서 병을 치료해. 하지만 하나의 단순한 세포인 세균이 어떻게 박테리오파지에 대항할 수 있을까? 바로 제한효소 덕분이야. 세균은 제한효소를 이용해 자신과 다른 박테리오파지 DNA를 잘라 버리지. 조각난 DNA는 유전자의 기능을 상실하니까 DNA가 잘린 박테리오파지는 더 증식하지 못하는 거야. 세균도 자신을 방어하는 것이지.

크리스퍼 기억나니? 크리스퍼는 거의 모든 세균에 있는 특별한 DNA 염기 서열이야. 이 크리스퍼의 근처에 캐스(CAS)라는 유전자가 있어. 이 캐스 유전자(DNA)가 전사와 번역 과정을 거치면 캐스 단백질이 만들어져. 이 캐스 단백질의 기능이 무엇일까?

"그게 DNA를 자르는 제한효소군요?"

딩동댕. 정답이야. 캐스 유전자는 캐스 단백질을 암호화하고, 캐스 단백질은 제한효소의 기능을 하지. 그러니 이 캐스 단백질이 세균에 침투한 바이러스의 DNA를 잘라서 무력화 시키는 거야.

"그런데 선생님. 제한효소가 세균 자신의 DNA도 잘라 버리면 어떡하죠?"

좋은 질문이야. 세균은 자신의 DNA는 보존하고, 침입한 바이러스의 DNA만 잘라야 해. 그럼 바이러스의 DNA만 정확히 인식하면 되지 않을까? 그 인식이 크리스퍼와 관련이 있어.

밝혀진 크리스퍼의 기능

유산균 제품을 생산하는 다니스코사의 과학자들이 드디어 크리스퍼의 기능을 밝혔어. 이 회사는 유산균의 발효를 이용해 요거트, 치즈 등의 제품을 만들었는데, 유산균이 박테리오파지에 의해

박테리오파지의 머그샷을 찍는 유산균들

죽는 문제를 겪고 있었지. 이에 다니스코사의 연구원들은 유산균에 악성 박테리오파지를 일부러 감염시켰어. 99.9%의 유산균이 죽었지만, 살아남은 유산균이 있었어. 과학자들은 박테리오파지의 공격에 살아남은 균주의 DNA 염기 서열을 분석했어. 그리고 놀라운 사실을 발견했지. 크리스퍼의 회문 서열 사이 비반복 서열 기억나니? 살아남은 유산균의 비반복 서열이 침입한 박테리오파지 DNA 서열의 일부와 정확히 일치했어. 이것은 무엇을 뜻할까?

"유산균이 박테리오파지의 DNA를 저장한 것인가요?"

정확해. 유산균과 박테리오파지의 전쟁에서 승리한 유산균은 침입한 박테리오파지의 DNA의 일부를 회문 서열 사이에 넣어 저장했던 거야. 의미를 알겠니?

앞에서 했던 질문을 생각해봐. 세균은 캐스 유전자를 발현(DNA를 전사 번역하면서 단백질을 만드는 과정)하여 가위 기능을 하는 캐스 단백질을 만들었어. 그리고 우리는 캐스 단백질이 어떻게 박테리오파지의 DNA만 인식해서 자를까? 라는 의문을 가졌었지.

세균이 침입한 바이러스 DNA를 회문 서열 사이에 끼워 넣어 가지고 있었다고 했지? 세균은 이렇게 얻은 바이러스의 DNA를 전사해 RNA를 만들고, 그걸 캐스 단백질에 붙인 거야. 즉 바이러스의 DNA를 전사한 RNA가 바이러스 인식표가 되는 거지. 크리스퍼를 전사한 RNA가 캐스 단백질과 결합하고, 이 복합체가 침입한 박테리오파지의 DNA를 찾고, 캐스 단백질이 이를 잘라 버려 대항한 거란다.

말하자면 크리스퍼는 일종의 백신이야. 사람이 백신을 맞으면 그 질병에 관한 기억 세포가 생겨. 동일한 질병을 일으키는 병원균이 다시 들어오면 기억 세포는 서둘러 항체를 만들어 병원균을 제거하지. 그렇게 질병에 걸리지 않는 거야.

크리스퍼에는 각종 바이러스의 DNA 조각이 들어 있다고 했어. 크리스퍼는 기억 세포처럼 인식표를 제공해서 캐스 단백질이

침입한 바이러스를 빠르게 제거할 수 있도록 도운 거야. 더 대단한 것은 세균은 번식할 때, 유전자를 그대로 복제하니까, 번식으로 새로 태어난 세균들은 바이러스의 침입을 영원히 막을 수 있어. 작고 단순한 세균이지만, 놀랍도록 복잡하고 과학적인 방법으로 방어 작용을 하고 있었던 것이지.

드디어 원리를 찾다

유전자 가위 크리스퍼-캐스9 연구로 노벨상을 수상한 제니퍼 다우드나(Jennifer Doudna) 교수와 에마뉘엘 샤르팡티에(Emmanuelle Charpentier) 교수는 2012년에 수많은 연구에 종지부를 찍었어. 사실 다니스코 바이오 회사의 연구, 수많은 과학자의 연구, 제니퍼와 에마뉘엘 그리고 동료들의 연구가 이룬 쾌거였지.

제니퍼와 에마뉘엘은 일부러 크리스퍼 끝에 붙어 있는 캐스9 유전자를 억제해 봤어. 캐스9 유전자를 억제하면 캐스9 단백질이 나오지 않아. 그랬더니 신기한 일이 일어났단다. 본래 파괴됐어야 할 바이러스 DNA가 갑자기 파괴되지 않았어. 캐스9 유전자에서 나온 단백질이 DNA를 자르는 가위였던 거야. 더 연구해보니 바이러스의 DNA를 파괴하려면 크리스퍼 RNA와 크리스퍼 RNA의 보조 RNA인 트레이서 RNA, 캐스9 단백질이 필요하다는 걸 알 수 있었어. 즉, 트레이서 RNA의 일부와 크리스퍼 RNA의 일부,

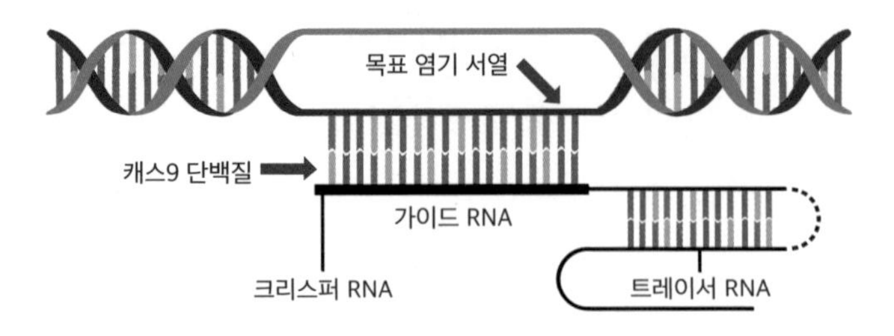

크리스퍼-캐스9의 항바이러스 작용

캐스9 단백질을 결합하면 DNA를 절단할 수 있다는 말이었지.

크리스퍼 RNA가 인식표라고 했지? 연구 결과에 따르면 크리스퍼는 정확하게 RNA 염기 20개를 인식해. 우리는 DNA가 상보적 염기를 이용하여 이중나선을 이룬다고 했어. RNA와 DNA 한 가닥도 상보적 결합을 할 수 있다고 했지.

다음 장 그림을 보자. 20개의 염기쌍으로 이루어진 DNA 이중나선이야. 크리스퍼 RNA는 두 가닥의 DNA중에서 어느 가닥과 상보적 결합을 할 수 있을까?

"DNA 가닥1이요! RNA에는 T가 없으니까 U를 넣으면 돼요."

그렇단다. 크리스퍼 RNA와 DNA 가닥1이 상보적 결합을 한 모습을 봐.

위 그림에서 크리스퍼 RNA는 캐스9 단백질과 결합하고 있지? 염기 20개가 일치하면 크리스퍼 RNA에 붙어 있던 캐스9 단백질이 DNA 이중나선을 잘라 버려.

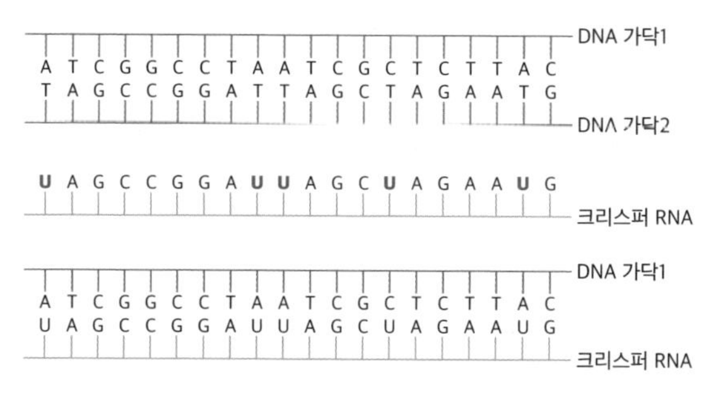

DNA 이중나선과 크리스퍼 RNA

"선생님, 20개의 염기가 일치한다면 DNA 전체에 이와 같은 서열이 또 있지 않을까요? 그럼 조금 전에 다룬 제한효소와 같은 문제가 생기잖아요."

그렇지 않단다. 간단한 수학을 해볼까? 제한효소는 4~8개의 염기 서열이 일치하는 곳을 찾는다고 했지? 염기 4개를 인식하는 제한효소를 생각해 보자. 연속된 염기 4개를 인식하고, 염기가 A, T, G, C 4종류가 있으니 제한효소의 인식 자리 종류는 4×4×4×4 = 256 종류가 나와. 염기 서열이 무작위로 반복된다고 가정하면, 이론상으로 256개의 염기 서열마다 동일한 서열이 발견될 수 있어. 연속된 8개의 염기를 인식하는 제한효소는 어떨까? 4를 8번 곱한 것이니 65,536개의 염기 서열마다 같은 서열이 나와. 인간은 32억 쌍의 염기 서열이 있으니 동일한 부분이 48,000개 이상이야.

그렇지만 크리스퍼 RNA가 결합하려면 20종류의 염기가 일치해야 한다고 했어. 4를 20번 곱한 것이지. $4^{20}=1,099,511,627,776$이야. 무려 1조가 넘어. 32억 쌍보다 훨씬 크니 이론상 같은 염기 서열이 나온다고 볼 수 없어. 즉, 크리스퍼-캐스9은 인간의 모든 DNA에서 정확히 한 부분만 자를 수 있는 거야.

많은 과학자가 의문했어. 이 정확한 분자 가위를 실험실에서 만들 수 있을까? 하고 말이야. 다우드나 교수 팀이 이 점을 해결했단다. 그들은 새로운 발상을 했어. 크리스퍼 RNA와 트레이서 RNA를 변형시켜 하나로 결합한다는 발상이었지. 결합에 성공한 교수 팀은 이를 가이드 RNA(gRNA)라고 했고, 여기에 캐스9 단백질을 더했어.

다우드나 교수 팀은 실험실에서 제작된 크리스퍼-캐스9으로 DNA 절단 실험을 했고, 원하는 대로 DNA를 자를 수 있었단다. 즉 DNA 분자 가위를 만들어 낸 거야.

과학자들은 RNA를 실험실에서 의도적으로 만들 수 있단다. 인간게놈프로젝트로 인간 DNA의 모든 염기 서열도 확인했어. 즉 다우드나 교수 팀이 만든 크리스퍼-캐스9으로 인간의 DNA를 정확히 재단할 수 있다는 말이야.

"선생님, 원하는 DNA를 자르는 것이 그렇게 위대한 연구인가요?"

그런 의문이 있을 수 있겠구나. 이 크리스퍼 유전자 가위 연구

가 얼마나 위대하냐면 세계 최고의 과학 잡지 『사이언스』가 선정한 '가장 영향력 있는 과학 연구' '10대 발견'으로 선정되었고, 『MIT 테크놀로지 리뷰』는 크리스퍼 가위를 10대 혁신 기술로 꼽았단다. 『내셔널 지오그래픽』은 'DNA혁명'이라 언급했어. 그리고 2020년, 다우드나 교수와 에마뉘엘 교수는 노벨 화학상을 수상하게 되지. 여러분도 노벨상이 얼마나 대단한 상인지 알고 있지?

크리스퍼 유전자 가위는 불치의 유전병을 치료할 수도 있고, 농작물을 개량하여 식량난도 해결할 수 있어. 이제 우리는 크리스퍼 유전자 가위로 현재까지 해낸 일과 앞으로 할 수 있는 일을 살펴볼 거야. 기대되지 않니?

2장

장바구니 속 유전자, 결제했습니다

T
G
C
A

나쁜 DNA를 없애 드립니다

자, 이제 우리는 무적의 무기인 크리스퍼-캐스9을 얻었어. DNA 편집에 아주 효과적인 무기지. 지금부터 크리스퍼-캐스9으로 질병을 치료해 볼 거야. 먼저 유전 질환인 낫모양적혈구빈혈증을 치료해 보자.

낫 놓고 기역자도 모른다는 속담 알지? 낫은 구부러진 칼처럼 생겼어. 본래 적혈구는 원반 모양인데, 낫모양적혈구빈혈증에 걸리면 말 그대로 적혈구가 낫 모양으로 변하지. 적혈구의 기능이 뭔지 아니?

"적혈구는 혈액 속에서 산소를 운반해요."

그렇지. 우리가 살아가려면 적혈구가 온몸 구석구석에 산소를

정상 적혈구(왼쪽)와 낫 모양 적혈구(오른쪽)

운반해 줘야 해. 하지만 낫 모양 적혈구는 이 기능을 제대로 할 수 없어. 그렇기에 심한 빈혈이 생기지. 원반 모양 적혈구가 작은 모세 혈관에서도 잘 미끄러져 흘러가는 반면에 낫 모양 적혈구는 갈라지는 가지 모양으로 혈관에 걸려 뭉쳐져. 그러다보면 낫 모양 적혈구가 혈관을 막을 수도 있어.

이 위험한 질환은 유전자 돌연변이 때문에 일어나. 적혈구 속에는 산소와 결합하는 헤모글로빈이라는 단백질이 있어. 이 헤모글로빈이라는 단백질을 만드는 유전자(DNA) 중 하나의 유전자, 그 염기 서열에 돌연변이가 일어났다고 하자. DNA를 복제할 때, T(타이민)를 A(아데닌)로 잘못 끼운 거야. DNA가 바뀌니 RNA도 코돈도 바뀌겠지? 결국 번역 과정에서 본래 나왔어야 할 아미노산인 글루탐산이 아닌 다른 아미노산, 발린이 나오고 말아. 단 하

나의 염기가 잘못 되었을 뿐인데 아미노산이 바뀌고, 단백질의 구조가 바뀌어 낫 모양 적혈구가 만들어지지.

이제 상상해 보자. 우리에게는 DNA를 정확히 자르는 크리스퍼-캐스9이 있어. 낫모양적혈구빈혈증을 치료할 수 있을 것 같지 않니?

"네, 돌연변이 염기 A(아데닌)를 잘라 버리고 T(타이민)를 끼워 넣으면 돼요!"

맞아. 크리스퍼-캐스9의 환상적인 기술이라면 가능하지. 염기 하나까지도 정확히 편집하니 말이야.

"하지만 선생님. 이해 안 되는 부분이 있어요. 우리 몸 전체에 돌연변이 적혈구가 있어도 치료가 돼요? 모든 적혈구의 유전자를 교체할 수 있는 거예요?"

그 질문에 대한 답을 하기 전에 먼저 적혈구에 대해 알아볼까? 적혈구는 혈액 속 혈구 중 가장 수가 많은 혈구야. mm^3(세제곱밀리미터) 당 500만 개나 있어. 수명이 100일에서 120일 정도인 적혈구를 초당 250만 개 만들어야 우리 몸이 정상적으로 유지될 수 있어. 그렇다면 이 수많은 적혈구는 어디서, 어떻게 만들까?

적혈구는 골수에서 만들어져. 정확히 말하자면 백혈구, 적혈구, 혈소판은 골수에 있는 조혈 줄기세포에서 만들어진단다. 이 조혈 줄기세포는 매일 5,000억 개의 혈액세포를 만든다고 해. 이 혈액

세포가 백혈구, 적혈구, 혈소판으로 각각 발달하지. 조혈 줄기세포가 끊임없이 세포분열하기에 우리 몸은 평생 동안 많은 혈구를 만들 수 있는 거야. 그렇다면 이 조혈 줄기세포의 유전자를 편집하면 어떨까?

"조혈 줄기세포의 DNA를 크리스퍼-캐스9으로 편집하는 거군요! 그렇다면 정상으로 돌아온 조혈 줄기세포는 정상인 적혈구를 만들 거예요."

그렇지. 그렇게 낫모양적혈구빈혈증을 고칠 수 있어.

X염색체 위에 있는 유전병

앞서 분열하는 세포에서 염색체를 관찰할 수 있다고 했지? 세포가 분열할 때 보이는 길쭉한 막대 모양 물질이 염색체라고 했어. 염색체는 긴 DNA 사슬을 규칙적으로 꼬아서 막대 모양이 된 거야. 이 염색체는 현미경으로 관찰할 수 있어. 인간의 염색체는 46개인데, 크기 순서대로 배열한 것을 핵형 분석이라고 해. 그리고 염색체를 자세히 보면 크기와 모양이 같은 염색체가 있어. 앞에서 배웠듯, 이를 상동염색체라고 해.

"우리가 부모님께 하나씩 물려받은 유전자도 상동염색체인가요?"

잘 알고 있구나. 인간의 염색체가 46개라고 했으니까, 아빠와

엄마가 자식에게 염색체를 그대로 전달해 준다면 자식의 염색체는 92개가 되겠지? 낫모양적혈구빈혈증은 단 하나의 염기만 이상이 있어도 생긴다고 했으니 만약 92개의 염색체를 가진다면 더 큰 문제가 생길 거야.

그래서 인간에겐 같은 염색체가 두 개씩 있어. 두 개의 염색체는 정자나 난자를 만들 때 감수분열되어 나눠지지. 이 때 46개의 염색체를 반으로 나눈, 23개의 염색체를 가진 생식세포가 생성돼. 같은 염색체가 두 개 있으니 반으로 나누어도 괜찮은 거란다. 이렇게 아빠, 엄마는 반으로 나눈 정자, 난자를 합쳐 다시 46개의 염색체가 되는 수정란을 만들고, 이 수정란이 사람이 되는 거야. 그렇게 인간은 세대가 거듭되어도 46개의 염색체를 유지할 수 있는 거란다.

염색체를 더 살펴볼까? 인간은 남녀가 공통으로 가지고 있는 22쌍(44개)의 상염색체와 한 쌍(2개)의 성염색체를 가지고 있어. 사진의 염색체를 보자. 숫자 22까지가 상염색체야. 끝에 있는 X와 Y가 성염색체지. 성염색체는 생물의 성을 결정하는데, XY는 남성, XX는 여성이야.

"다른 동물도 그런가요?"

반대인 동물도 있고, X염색체의 숫자가 성을 결정하는 경우도

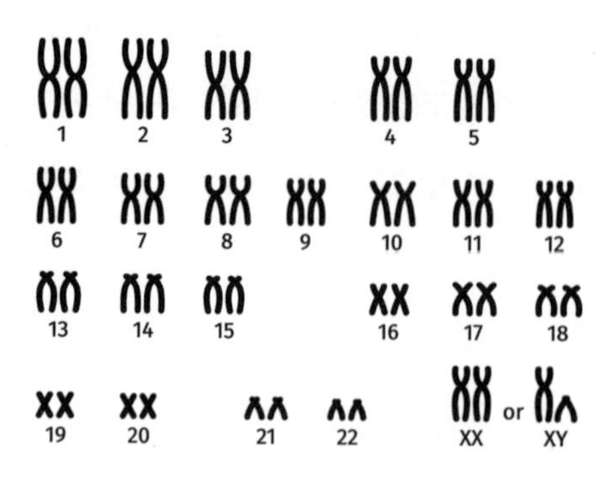

유전자 핵형 분석

있어. 여기서는 인간의 XX, XY염색체만 기억하자.

X염색체 위에 있는 유전자 문제로 질병이 생기는 경우가 있어. 바로 혈우병과 뒤시엔느 근위축증이야. 남성은 X염색체가 한 개, 여성은 X염색체가 두 개여서, 유전자가 일으킨 질병은 남녀의 발생 비율이 달라. 뒤에 유전법칙에 대해 알아보겠지만, 혈우병과 근위축증은 열성 유전자를 통해 유전되므로 남성에게 많이 나타난단다.

먼저 혈우병을 알아보자. 칼에 손을 살짝 베인 적 있지? 처음에는 상처에 피가 흐르지만, 시간이 지나면 피딱지가 생기면서 응고돼. 이는 혈액 속의 혈소판이 파괴되면서 피브린이란 섬유질을 만들고, 이 피브린이 혈구들과 그물처럼 얽혀 우리 몸을 보호하는 거야. 하지만 혈우병에 걸리면 이처럼 지혈이 되지 않고 피가 계

속 흐르지. 왜 피가 응고되지 않을까?

"유전자에 문제가 생겨서, 혈액응고를 도와주는 단백질 효소가 안 생기는 건가요?"

정확해. 혈액응고에는 많은 단백질이 관여해. 물론 이 단백질을 암호화하는 유전자도 여럿 있지. 그 유전자에 돌연변이가 생기면 혈액응고에 문제가 발생해서 혈우병이 생기는 거야.

옛날 유럽 왕족에 혈우병이 널리 퍼져 있었어. 유럽의 왕자들이 혈우병에 많이 걸렸는데, 왕족끼리 결혼해서 결함 유전자를 받을 확률이 높았던 거야. 유럽 왕족들 사이에 널리 퍼졌던 혈우병의 원인은 응고인자 8에 결함이 있었기 때문이야.

그럼 유럽 왕족의 혈우병을 크리스퍼-캐스9으로 치료해 볼까?

"낫모양적혈구빈혈증을 치료한 것처럼 돌연변이 염기를 빼고 정상 염기를 넣나요?"

맞아. 하지만 미국의 샌가모 바이오사이언스 기업은 다른 방법을 실험했어. 결함 있는 유전자는 그대로 둔 채, 정상 유전자를 삽입한 거야. 정상 유전자에 의해 응고인자가 만들어지니 결함 있는 유전자가 있어도 혈액응고가 일어나지.

뒤시엔느 근위축증도 혈우병과 마찬가지로 X염색체 위에 있는 DMD 유전자의 결함에 의해 일어나. 미국 남자 아기는 3,600명에 한 명꼴로 근위축증에 걸리는데, 뒤시엔느 근위축증은 가장 많이

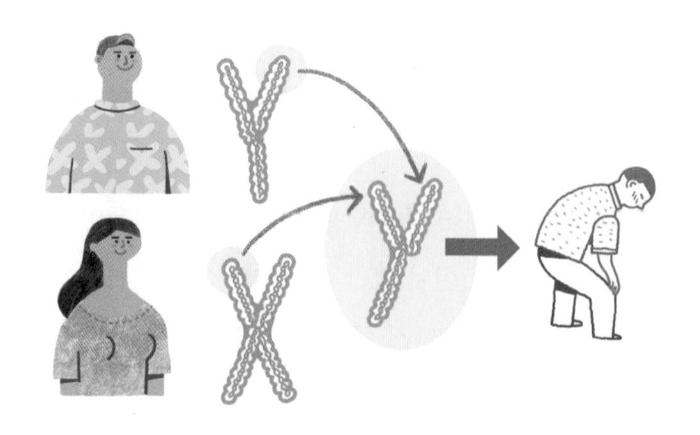

뒤시엔느 근위축증의 발병 과정

걸리는 근위축증이야. DMD 유전자에 문제가 있으면 디스트로핀 이란 단백질을 만들 수 없어. 그 결과로 근육이 위축되어, 골격근이 발달하지 못하게 돼. 이 병에 걸린 유아는 근력이 약해 어려서부터 휠체어를 타고 다녀. 합병증으로 일찍 사망할 수도 있어. 그만큼 무서운 병이야.

사우스웨스턴 병원 에릭 올슨(Eric Olson) 교수 팀이 크리스퍼-캐스9로 뒤시엔느 근위축증을 치료하는 실험을 했어. 개를 이용한 실험이었는데 한 가지 문제가 있었어. 근육세포의 유전자 결함이었지. 근육세포는 적혈구처럼 새로 만들어지는 것이 아니라 이미 만들어져 있거든. 그러니까 낫모양적혈구빈혈증 때와 달리, 이 병을 고치려면 몸 전체의 모든 근육세포 유전자를 고쳐야 했어.

고민 끝에 올슨 교수 팀은 바이러스를 이용했어. 인간에게 무해한 바이러스에 유전자 가위로 DMD 유전자를 잘라 넣은 거야. 바이러스는 세포를 타고 번지니까, 위축되었던 근육세포들 역시 모두 이 안전한 바이러스에 감염되었지. 그러자 바이러스를 타고 근육세포 속에 들어간 DMD 유전자가 디스트로핀 단백질을 만들기 시작했어! 놀라운 결과였어. 6주 후에는 위축되었던 근육세포의 60%가 정상화되었다고 해. 더 연구를 해봐야겠지만, 조만간 사람도 같은 방식으로 치료할 수 있을지 몰라.

유전자를 실어 나르는 벡터

모든 세포에 유전자를 보내는 방법을 조금 더 알아보자. 앞에서 근위축증 치료에 DMD 유전자를 바이러스에 편집하여 넣는다고 했어. 그 무해한 바이러스처럼, 우리가 원하는 유전자를 다른 세포로 나르는 DNA를 벡터라고 해.

"유전자재조합 때 사용했던 플라스미드도 벡터인가요?"

플라스미드에 유전자를 재조합해서 넣었으니 벡터가 맞아. 근위축증에 사용했던 벡터는 아데노바이러스야. 많은 종류의 아데노바이러스가 척추동물을 감염시키는데, 보통 아데노바이러스에 감염된 척추동물은 감기에 걸려. 그래서 과학자들은 아데노바이러스에서 감기를 일으키는 부분을 제거하고, 거기에 우리가 원하

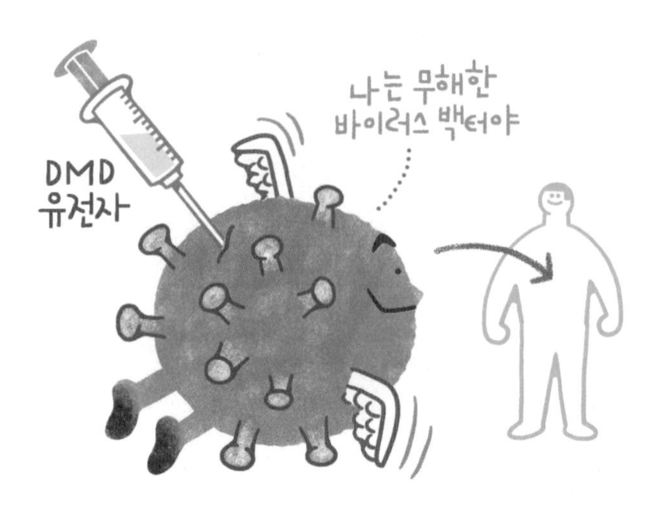

무해한 바이러스 벡터

는 DNA를 끼워 넣었지. 그렇게 만든 벡터를 몸에 주사해 특정 병을 치료할 수 있게 된 거야.

아데노바이러스는 뇌, 폐, 눈의 망막으로도 보낼 수 있어. 연구를 거듭하다 보면 뇌가 문제인 헌팅턴병, 폐에서 점액이 과도하게 분비되는 낭포성섬유증, 망막이 문제인 선천적 시각 장애 등 유전적으로 문제가 있는 질병도 치료할 수 있을 거야.

암을 정복할 수 있을까?

국가암정보센터의 통계를 살펴보면 암 발생률은 10만 명당 1999년 215.9명에서 2020년 482.9명으로 꾸준히 증가하는 추세

야. 2020년에만 247,952명이 암에 걸렸다고 해. 그리고 암에 의한 사망자도 계속 증가하고 있어. 인구의 고령화와 식생활 때문에 암 환자는 계속 증가할 것으로 예상되고 있어. 암은 도대체 어떤 질병일까?

"몸의 기관에 악성종양이 생기는 병 아닌가요?"

맞아. 문제는 종양을 이루는 세포가 나의 세포란 것이야. 일반적으로 질병은 외부 바이러스나 세균이 침입해서 생기는데, 암은 나의 세포가 악성종양으로 변한 것이니까 항생제나 항바이러스제가 통하지 않아. 더군다나 암세포는 분열이 멈추지 않는 세포야. 손가락에 상처가 생기면 세포분열을 통해 살이 메워지면서 치료되지? 상처 부위에 살이 채워지면 세포가 분열을 저절로 멈춰. 하지만 암세포는 분열을 멈추는 기능에 문제가 생겨 멈추지 않고 계속 분열하지.

세포가 분열할 때, 32억 쌍의 DNA를 복제해. 하지만 그 많은 DNA를 모두 똑같이 복제하지는 못할 거야. 복제 과정에서 실수도 일어나지만, 자외선, X선, 담배 연기 같은 요인에 의해 DNA에 돌연변이가 일어날 수 있어.

"돌연변이가 일어나서 DNA가 손상되면 세포는 죽는 건가요?"

그렇지 않아. 정교한 효소들을 투입해서 기존의 염기 서열을 회복하려고 해. 하지만 모든 손상이 완벽하게 수선되는 것은 아니야.

암을 일으키는 물질인 발암물질도 DNA를 손상시키는데, 발암물질이 원암유전자와 종양 억제유전자를 손상시키면 그 세포는 암세포가 될 수 있어.

원암유전자는 세포의 분열을 촉진시키는 단백질들을 암호화 하고 있어. 원암유전자가 손상되면 더욱 많은 단백질을 생산해. 그렇다면 세포는 멈추지 않고 분열이 계속 일어나겠지. 종양 억제유전자에는 세포분열과 복제를 늦추는 단백질 등이 암호와 되어 있어. 자동차의 제동장치라고 생각할 수 있겠지. 만약 언덕길에서 제동장치가 고장 난다면 어떻게 될까? 계속해서 차의 속도가 높아지겠지? 마찬가지로 종양 억제유전자가 고장 나면 세포분열이 멈추지 않고 계속 일어나. 즉, 암은 세포분열이 멈추지 않는 병이지.

일반적으로 세포에서 일어난 한 번의 돌연변이로 암에 걸리지는 않아. 세포분열이 계속 일어나면서 돌연변이가 축적되고 어느 순간 암세포가 되어 분열을 멈추지 못하는 것이지.

"선생님, 마찬가지로 돌연변이가 일어난 모든 암세포를 크리스퍼-캐스9으로 수선하는 것은 무리가 있지 않을까요?"

그렇지. 암세포를 제거하기 위해서는 다른 방법이 필요해. 암세포 제거를 알아보기 위해서는 우리 몸의 면역을 알 필요가 있어. 우리 몸에는 백혈구의 일종인 림프구가 있어. 림프구에는 T세포

와 B세포, 2종류의 세포가 있는데, 이 세포들이 우리 몸의 방어 작용을 하는 군대야. 질병을 일으키는 물질인 병원균이나 항원이 우리 몸에 들어오면 이를 제거하기 위해 싸우지.

T세포는 훌륭한 병사야. 병원균이나 항원은 표면에 특수한 단백질 조각을 갖고 있는데 이 단백질 조각은 사람의 얼굴이라고 볼 수 있어. 우리가 사람을 얼굴로 구별하는 것처럼 T세포도 단백질 조각으로 병원균과 항원을 알아볼 수 있어. T세포는 사람으로 치면 눈인 항원 수용체를 통해 항원이나 병원균에 감염된 세포를 알아보고 죽여. 감염된 세포를 가만히 놔두면 세포 안에서 증식한 더 많은 병원균이 세포 밖으로 나와 주변 세포를 감염시킬 테니까 말이야.

다른 병사인 B세포는 항체를 만들어. 항체는 단백질 조각을 정확히 식별해 병원균이나 항원에 결합해. 즉, 병원균을 무력화 하는 거야. 바이러스가 숙주세포에 침투하지 못하게 하고, 백혈구의 일종인 대식세포가 병원균이나 손상된 세포를 먹어치울 수 있도록 돕지. B세포가 만든 항체는 민감도가 아주 높은 항원 수용체라고 할 수 있어.

다시 암세포로 돌아오자. T세포가 암세포만 찾아서 죽인다면 좋겠는데 안타깝게도 T세포의 눈인 항원 수용체는 암세포를 잘

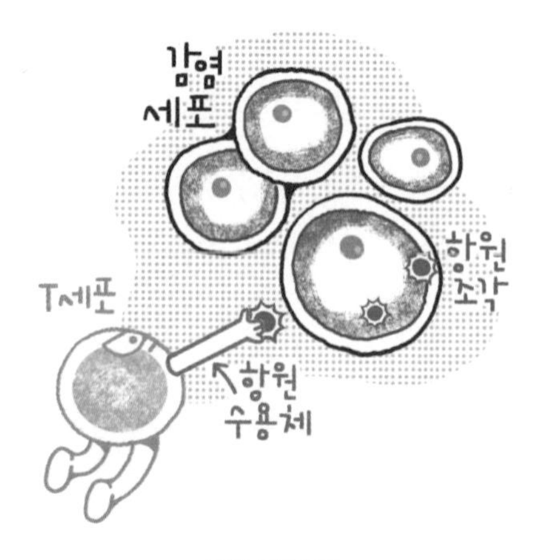

T세포의 작용

찾지 못해. 암세포는 얼굴을 잘 숨기거나 회피하거든. 하지만 우리에게는 민감도가 높은 B세포의 항체가 있지. 유전공학을 이용해서 B세포의 항체가 T세포의 항원 수용체에 달려 있다면 어떨까?

"왠지 무적의 슈퍼맨이 된 것 같네요."

맞아, 그 세포의 이름이 바로 슈퍼 T세포란다. B세포가 만든 항체로 암세포를 탐지하고, 탐지한 암세포를 T세포가 공격해서 제거하지. 이 슈퍼 T세포를 만들려면 크리스퍼-캐스9이 필요해. 만드는 방법은 간단해. B세포에 있는, 항체를 만들도록 암호화된 유전자를 잘라서 T세포 DNA에 잘라 붙이면 끝이지. 슈퍼 T세포를 계속 만들려면 뭘 이용해야 할까?

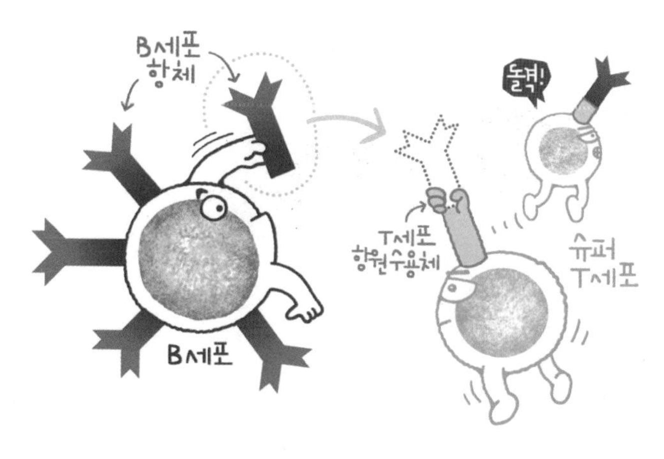

슈퍼 T세포의 생성

"조혈 줄기세포요?"

기억하는구나! 앞서 말한 방식으로 유전자를 편집한 조혈 줄기세포를 몸속에 넣으면 조혈 줄기세포가 슈퍼 T세포를 생산할 거야. 하지만 문제가 있어. 한 번 이 조혈 줄기세포를 넣으면 암세포가 모두 제거되어도 계속 슈퍼 T세포가 만들어질 거야. 아무리 좋은 세포라 해도 계속 만들어지면 문제가 될 거야. 그러니 몸속에서 조혈 줄기세포를 분열하는 대신 실험실에서 조혈 줄기세포를 슈퍼 T세포로 미리 분열시킨 후 주사로 혈액에 주입해야 해.

2015년에 이 슈퍼 T세포를 이용하여 백혈병을 최초로 치료했어. 레일라 리처즈(Layla Richards)라는 아이는 생후 3개월에 소아

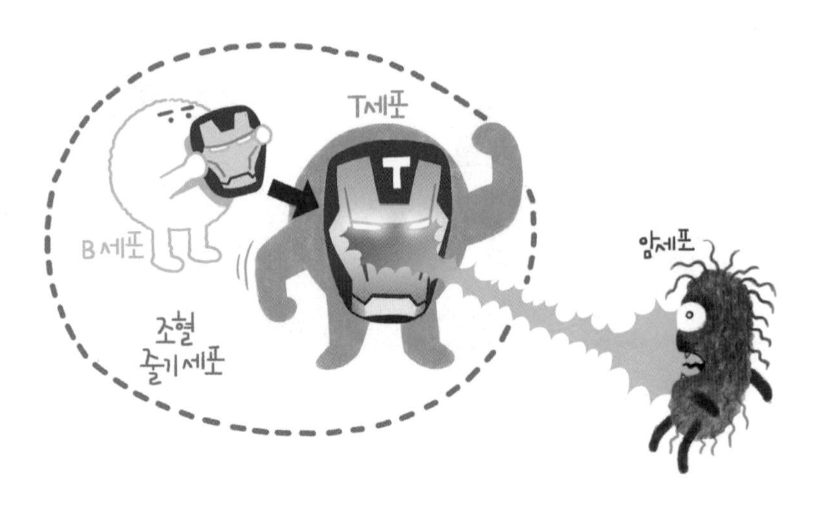

조혈 줄기세포가 슈퍼 T세포를 생산하는 과정

암인 급성 림프구성 백혈병을 진단받았어. 보통 일반적인 항암 화학요법을 시행하면 98%의 아이들이 차도를 보이는데 레일라 리처즈의 백혈병은 다른 아이들의 병보다 강력했어. 골수이식도 소용없었지. 의사들은 결국 고통을 완화하는 치료만 권했어. 레일라가 죽을 때까지 고통을 줄여 주자는 의미였지. 레일라의 부모는 그 상황을 받아들일 수 없었어.

마침 생명공학 회사인 셀렉티스(Cellectis)는 슈퍼 T세포를 만들고 있었는데, 레일라의 부모님은 이 T세포에 희망을 걸었지. 사실 이 세포는 크리스퍼-캐스9이 아니라 탈렌이라는 2세대 유전자 가위로 만든 세포야.

아무튼 이 슈퍼 T세포는 쥐에게만 시험하고 있었어. 아직 인간에게 임상 시험을 하지 않은 상태였지. 하지만 지푸라기라도 잡고 싶던 레일라의 부모는 도박 같은 이 치료에 동의했어. 그리고 레일라의 몸에 슈퍼 T세포가 주입되었지. 이 슈퍼 T세포는 백혈병 세포만 가지고 있는 단백질 조각을 강력하게 식별하는 세포였어.

몇 주 후 레일라의 몸에서 기적이 일어났어! 백혈병 세포가 사라지기 시작한 거야. 그리고 얼마 지나지 않아 새로운 골수 이식을 하니 백혈병은 완전히 치료되었어.

과학자들은 완벽히 이루어진 이 유전자 편집 치료에서 희망을 보았어. 언젠가는 인간의 모든 암을 주사 한 방으로 쉽게 치료하는 날이 올 거야.

유전자 드라이브 기술

말라리아라는 질병이 있어. 주로 아프리카나 열대지방에서 걸리는데 이 말라리아의 원인은 바이러스나 세균이 아닌 말라리아 원충이야. 이 말라리아 원충에 감염되면 오한과 고열, 두통에 시달려. 치료하지 않으면 사망할 수도 있는 무서운 질병이지.

"선생님, 저도 해외여행갈 때, 말라리아 예방약을 먹은 적이 있어요."

말라리아 원충은 세균이나 바이러스가 아니기에 백신이 없어서 항말라리아제를 복용하는 거란다. 말라리아는 모기에 의해 전염되는데, 암컷 모기가 피를 빨 때 말라리아 원충이 우리 몸으로 들어와. 들어온 말라리아 원충은 혈액 속 적혈구에서 증식하지.

우리나라에서는 말라리아에 걸려도 치료하기 쉽지만, 어떤 나라에서는 우리나라만큼 병원이 많지 않아서 하루에 1,000명이나 말라리아로 죽는다고 해. 아프리카의 모기는 말라리아 외에도 뎅기열, 황열병, 지카바이러스 등도 전파한다고 하니 아프리카에서 모기는 참으로 위험한 동물이지.

아무튼 우리는 유전자 편집 기술로 말라리아를 박멸할 수 있을까?

"유전자 가위로 세상의 모기를 모두 없애 버렸으면 좋겠어요. 모기에 물리면 너무 괴롭거든요."

세상의 모든 모기를 없앤다는 의견은 조금 생각해 볼 필요가 있어. 세상의 모기가 모두 없어진다면 생태계에 아무런 문제가 없을까? 1920년대 미국은 옐로스톤 국립공원에 사는 말코손바닥사슴을 보호하기 위해 늑대 사냥을 허가했어. 사냥꾼들은 공원의 모든 늑대를 사냥했지. 이제 말코손바닥사슴을 잡아먹을 천적이 없어 아름다운 사슴을 보호할 수 있을 거라 생각했어. 하지만 예상치 못한 일이 벌어졌어. 처음에는 사슴의 숫자가 늘어나더니 곧 개체 수가 급격히 줄었어. 왜 그런지 아니? 개체 수가 늘어난 사슴이 공원의 모든 풀을 뜯어먹고 나중에는 나무의 뿌리까지 먹어버린 거야. 결국 먹을 것이 없어진 말코손바닥사슴은 굶어 죽기 시작했고, 풀이 없어진 공원은 황폐해졌어. 인간이 자연에 의도적으로 개입한다면 이처럼 우리가 생각지 못한 문제가 발생할 수도 있어.

"선생님. 옐로스톤 공원은 어떻게 됐나요?"

사람들은 다시 공원에 늑대를 풀었어. 그러자 공원의 생태계가 스스로 복원되어 지금은 다시 아름다운 옐로스톤 국립공원이 되었단다.

"그럼 모기를 잡아먹는 새들도 있을 테니 모기를 모두 없애는 것은 안 되겠어요."

다시 옐로스톤 국립공원에 돌아온 늑대

우리는 인간을 위협하는 말라리아 원충만 노리면 돼. 의외로 크리스퍼-캐스9을 사용하여 이 문제를 간단히 바꿀 수 있어. 간단하다고 문제를 완전히 해결하는 것은 아니지만 말이야.

말라리아 원충이 모기 몸속에 들어와서 살기 위해서는 특별한 단백질이 있어야 해. 이 단백질을 단백질 X라고 하자. 모기의 DNA 어딘가에는 이 단백질 X를 암호화하는 유전자가 있겠지? 이제 뭘 해야 할지 짐작이 가니?

"크리스퍼-캐스9으로 단백질 X를 암호화하는 유전자를 잘라요."

정답이야. 유전자를 잘라 버리면 모기의 몸에서 단백질 X가 만들어지지 않겠지. 그렇다면 말라리아 원충은 모기 몸속에서 살 수 없게 돼. 말라리아 저항 모기를 만들 수 있다는 뜻이야.

"실험실에서 말라리아 저항성 모기를 키워서 자연으로 내보내

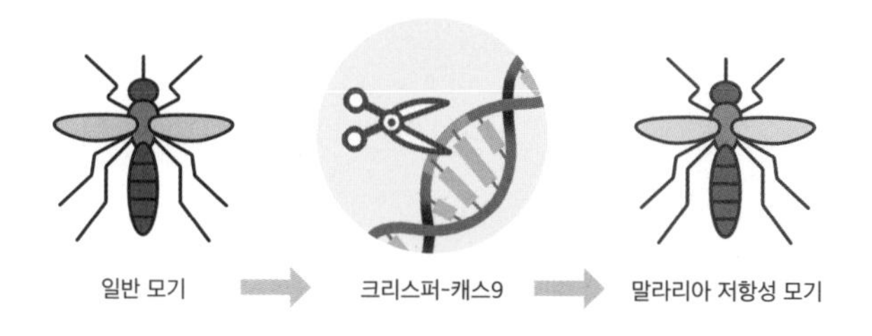

말라리아 저항성 모기 만들기

면 되겠네요. 그럼 단백질 X를 생산하지 못하는 고장 난 유전자가 자연의 모기들에게 퍼질 것이에요."

맞아. 이론상으론 간단히 말라리아를 해결할 수 있을 것만 같았지. 그런데 두 가지 문제가 발생했어. 첫 번째로 단백질 X 유전자가 파괴된 모기는 일반 모기보다 약했어. 약하기에 번식에 불리해서 유전자를 다음 세대에 잘 전달하지 못했지. 두 번째 문제는 유전적으로 말라리아 저항성 모기를 퍼뜨리기가 쉽지 않다는 거야. 단백질 X 유전자는 열성이 돼야 말라리아 저항성 모기가 돼. 열성 기억나지? 상동염색체 안의 두 유전자를 모두 잘라서 제거해야 한다는 게 문제야.

"크리스퍼-캐스9으로 가능하잖아요."

물론 가능해. 하지만 이 말라리아 저항 모기가 야생에 있는 일반 모기와 교배하면 유전자가 퍼져 나가지 않아. 앞에서 배운 유전법칙을 생각해 봐. 단백질 X를 만드는 정상 유전자와 파괴된 유전자를 모두 가지고 있는 잡종 1세대 모기는 단백질 X를 만들까? 못 만들까?

"앞에서 열성이 되어야 한다고 했으니 이 모기는 단백질 X를 만들어요."

그렇지. 그리고 완두콩 유전을 머릿속에 그려 보면 잡종 1세대끼리 교배한다고 해도 말라리아 저항성 모기가 나오는 확률은

25%밖에 되지 않아.

"그럼 어떡하죠? 이대로 많은 사람이 말라리아에 걸려 죽어야 하나요?"

그럴 리가. 과학자들은 새로운 방법을 생각해 냈어. 바로 '유전자 드라이브(Gene Drive)' 기술이야. 이 기술은 2003년 영국의 과학자인 오스틴 버트(Austin Burt)가 제안한 방식으로, 부모가 자손에게 유전자를 50%씩 전해주지만, 특정 유전자는 그 확률을 높여 결국 100%로 전달할 수 있도록 만든 기술이야. 하지만 크리스퍼-캐스9이 없는 2003년에는 실현시킬 수 없었지.

크리스퍼-캐스9이 개발된 후인 2015년, 캘리포니아 대학교 이선 비어(Ethan Bier) 교수 팀은 초파리를 가지고 실험했어. 초파리 몸체는 원래 황갈색인데 결함 있는 색소 유전자를 크리스퍼-캐스9으로 초파리 게놈에 넣은 거야. 여기까지는 기존의 방법과 다를 것이 없어 보이지만, 다른 점이 있었어. 연구 팀이 유전자 가위 기술로 넣은 것은 결함 있는 색소 유전자 하나가 아니었지. 거기에는 gRNA(가이드 RNA)를 전사할 수 있는 유전자와 캐스9 유전자도 들어 있었어. 이게 무슨 의미인지 아니? 바로 우리가 실험실에서 만든 크리스퍼-캐스9이 초파리 세포 속에서 만들어진다는 뜻이야. 세포 속에서 만들어진 크리스퍼-캐스9은 세포들에 결함 있는 색소 유전자를 집어넣지. 그리고 이 DNA 일체는 자손에게 전

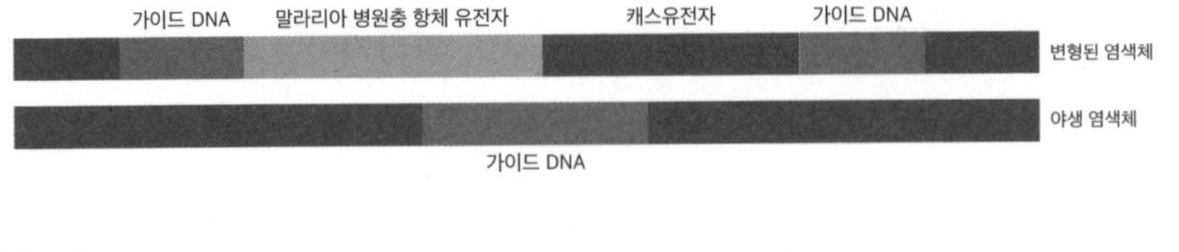

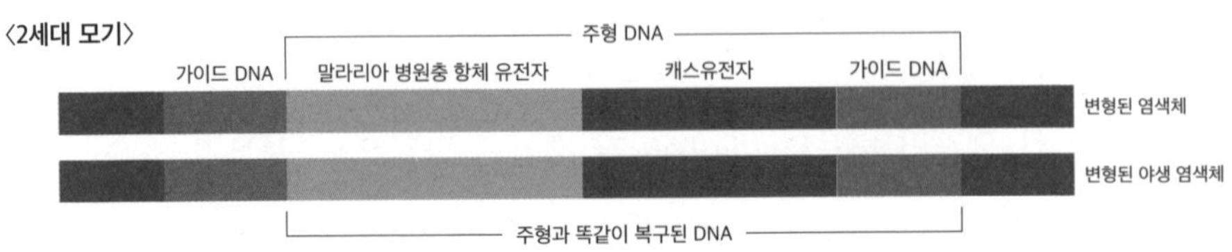

유전자 드라이브 원리

달돼. 실험 결과 원래 색인 황갈색 초파리가 노란색으로 변했어. 무려 97%의 초파리가 말이야.

"유전자 드라이브 개념이 어려워요. 유전자 가위 기술로 유전자 가위를 넣는다고요?"

그래. 다시 말라리아로 돌아와 설명해 줄게. 2012년 캘리포니아 대학교의 앤서니 제임스(Anthony James) 교수는 말라리아 병원충에 대항하는 유전자를 발견했어. 그리고 이를 모기 유전체에 넣었지. 이 모기는 말라리아 병원충에 대항했어. 당시에는 이 모기들을 퍼트릴 방법이 없었지. 하지만 유전자 드라이브 기술이라면 가능해.

앤서니 제임스 교수는 말라리아 원충 항체 유전자가 들어 있는

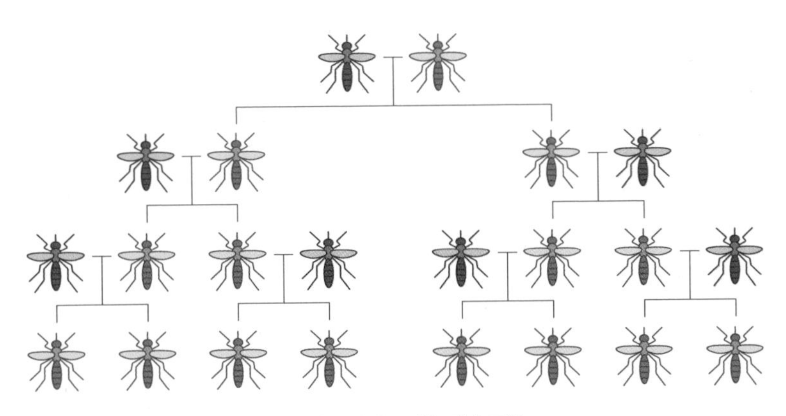

유전자 드라이브 기술 전파 모형

변형된 염색체를 만들었어. 유전자 드라이브 기술을 사용한 이 염색체에는 말라리아 원충 항체 유전자와 캐스 유전자가 들어 있었어. 이 염색체를 가진 모기가 야생 모기와 만나 자손을 낳았다고 해 보자. 그럼 잡종 1세대는 유전자 변형 모기에게 받은 변형된 염색체와 정상 야생 모기에게 받은 야생 염색체를 가지고 있겠지?

원래라면 이 모기는 항체를 만들 수 없을 거야. 하지만 변형된 염색체에서 캐스9이 발현되어 gRNA의 안내에 따라 야생 염색체의 DNA를 잘라. DNA는 스스로 복구하는 성질이 있는데 자신의 짝인 상동염색체를 주형으로 똑같이 복구해. 결국 야생 염색체도 변형된 염색체와 마찬가지로 말라리아 원충 항체 유전자와 캐스 유전자를 포함한 변형된 염색체로 변해. 그럼 잡종 1세대는 유전자 변형 모기가 되고, 그 자손도 유전자가 변형되면서 순식간에 우리가 원하는 유전자를 퍼트릴 수 있는 거야.

그림을 보면 유전자 변형 모기와 교배하여 나온 자손은 유전자 변형 모기로 변해. 실제 실험 결과 99%의 실험 모기에서 말라리아 원충 항체가 정상 작동했다고 하니 곧 우리가 말라리아를 정복할 수 있을 거야.

"지금 바로 실행하면 안 되나요?"

아직이야. 유전자 드라이브 모기가 진짜 밖으로 빠져나갔을 때 무슨 일이 일어날지 알 수 없어서 실제로 적용하지는 못하고 있어. 다른 곤충에게 또는 동물에게 캐스 유전자가 전달되어 DNA를 마구 잘라서 동물을 멸종시킬 수도 있단다. 어쩌면 인간이 멸종할지도 몰라.

과학자들은 안전장치를 점검하고 있어. 완벽히 안전이 확보되었을 때, 자연 생태계에서 실험이 진행될 거야. 가까운 미래에 모기를 매개체로 하는 질병인 말라리아, 뎅기열, 황열병, 지카바이러스는 분명 모습을 감추게 될 거야.

품종 개량

혹시, 일주일에 치킨을 몇 번이나 먹니?

"매일 먹어요!"

농담이지? 그런데 하나의 자료를 보니, 농담이 아닌 것 같기도 하구나.

통계청의 조사에 따르면 2022년 8월 한 달 동안 약 9,500만 마리의 닭이 도축되었어. 우리나라 인구가 5,000만 명이라고 하면 거의 인구의 두 배나 되는 닭이 도축되었지. 1년으로 계산하면 무려 10억 마리 이상이야. 그럼 대체 이 닭은 모두 어디서 키울까?

닭은 8층짜리 닭장에 살아. 자기 몸이 겨우 들어갈 만한 새장 안에 살고 있지. 소와 돼지도 마찬가지야. 대량 생산을 위해서는 좁은 곳에서 많은 동물을 키워야 하니까 덩치가 큰 동물들도 좁은 공간에 구겨 넣지. 그러다 보니 동물들이 겪는 스트레스가 엄청나. 소는 뿔로 옆의 소를 공격하고, 돼지는 서로의 꼬리를 물어뜯는단다.

동물들의 그런 행동을 막기 위해서 사람이 어떻게 하는지 아니? 뿔은 송아지 시절에 잘라 버리고 불로 지져서 더 이상 나오지 않게 해. 미국에서만 매년 1,300만 마리의 소가 뿔이 잘리는 고통을 받고 있어. 돼지도 마찬가지야. 태어날 때부터 꼬리를 잘라 버리지.

"저도 고기를 먹지만, 너무 잔인해요."

그래서인지 스위스에서는 '소의 뿔을 뽑아야 한다. 뽑지 말아야 한다'로 2018년에 국민투표까지 했다고 해. 소의 고통이 사회적 문제로 올라온 거지. 결과는 어땠을까? 54.7%가 소의 뿔을 뽑는 데 찬성해 소의 뿔을 지켜내지는 못했어.

유전자형	수컷	암컷
PP	뿔 있음	뿔 있음
Pp	뿔 있음	뿔 없음
pp	뿔 없음	뿔 없음

소 뿔 유전 방식

뿔이 있는 젖소와 뿔이 없는 젖소

"선생님, 당연한 소리겠지만, 뿔을 만드는 유전자도 있겠죠?"

소의 뿔 유전은 조금 특이하고 재밌어. 소의 뿔은 폴드(Polled)라는 유전자 한 쌍이 결정해. 복잡한 유전이 아닌 멘델의 완두처럼 한 쌍의 유전자만 관여하는 단일 인자 유전이야. 뿔을 만드는 유전자를 P(대문자), 뿔을 만들지 않는 유전자는 p(소문자)라고 할게.

상동염색체 모두 뿔이 있는 유전자(PP)인 젖소는 뿔을 만들고, 뿔이 없는 유전자(pp)를 가진 소는 뿔을 만들지 않을 거야. 하지만 Pp의 유전자를 가지면 수컷과 암컷의 양상이 달라. 수컷은 뿔이 나고, 암컷은 뿔이 나지 않아.

"오, 재밌어요. 그럼 유전자 가위로 뿔을 제거할 수 있나요?"

2016년 동물 전문 바이오업체 리콤비네틱스에서 이미 연구가 되었어. 탈렌이라는 2세대 유전자 가위를 사용했는데, 뿔이 있는 유전자를 뿔이 없는 유전자로 교체했지. 물론 소의 배아 유전자를 편집한 거야. 태어나기 전에 유전자를 수정해야 하니까. 그렇게 송아지 다섯 마리가 태어났는데, 이들은 뿔이 잘리는 고통을 받지 않았어. 이 송아지들이 커서 교배를 통해 자손을 낳을 테니 이제 소들은 뿔이 나지 않을 거야.

비슷한 예로 수평아리는 태어나자마자 죽는 운명에 처해 있어. 알을 낳지 못한다는 이유로 죽는 것이지. 크리스퍼-캐스9을 배아에 적용하면 수컷 병아리가 태어나지 않게 할 수 있어. 그게 옳은지 우리는 더 고심해야 겠지만, 적어도 의미 없는 죽음을 줄일 수는 있으니까.

이렇게 유전자 편집 기술은 동물 복지에도 많은 도움을 줄 수 있단다.

근육이 어마어마하게 발달한 동물

벨지언 블루라는 소는 근육이 어마어마해. 품종마다 근육량의 차이가 달라. 축산업자는 벨지언 블루 같은 소를 좋아하는데, 물론 근육이 많아서야.

"근육이 많은데 뭐가 좋은지 모르겠어요."

우리가 먹는 소고기가 근육이거든. 축산업자들은 근육이 많은 소를 교배해서 점차 근육을 키우곤 했는데, 1997년에 과학 연구팀이 근육에 대한 재밌는 유전자를 찾았어. 바로 마이오스타틴이라는, 근육의 생성을 방해하는 유전자야.

벨지언 블루

"이상하네요. 생명체에 나쁜 영향을 주는 유전자가 있으니 말이에요."

나쁘다고만 할 수 없어. 근육이 많으면 힘이 세질 수는 있겠지만, 빠른 속도로 달리기 힘들거든. 맹수에게서 도망치려면 빠른 속도는 필수잖아? 그러니 소에게 나쁜 유전자라고 말할 수 없지.

아무튼 이 벨지언 블루라는 소는 마이오스타틴 유전자 돌연변이를 가지고 있어. 마이오스타틴이 전사, 번역되어 만드는 단백질은 근육 생성을 억제하는 성질이 있는데, 벨지언 블루는 마이오스타틴 유전자가 없는 거야. 그래서 벨지언 블루 소는 방해 없이 근육을 마음껏 키웠지.

"그러면 크리스퍼-캐스9으로 마이오스타틴 유전자를 찾아 자르면 모든 동물이 저렇게 될까요?"

이미 과학자들은 실험에 성공했어. 쥐에게 마이오스타틴 유전자를 제거하는 실험을 했는데, 예상대로 근육량이 많아져 쥐의 몸이 전보다 2~3배나 커졌지. 지방이 많아져 뚱뚱해진 것이 아니야. 오직 근육만 커졌어.

마이오스타틴 돌연변이는 다른 동물에게도 발견돼. 네덜란드의 텍셀 양도 돌연변이라서 근육이 발달했어. 2020년에 더블다이아몬드라는 이름의 텍셀 양 한 마리가 경매에서 무려 36만 5,000파운드에 낙찰되었어. 그리고 그레이하운드 후손 중에서 '불리'라는 품종은 무서울 정도로 근육이 발달되어 미국에서는 반려견으로 인기야.

"쥐를 제외하고는 자연적인 돌연변이였던 것이죠? 그럼 사람 중에도 돌연변이가 있었나요?"

물론 있었어. 2004년 독일에서는 근육이 과도하게 발달한 어린이의 마이오스타틴 유전자가 상동염색체에서 모두 삭제된 것을 확인했어. 어린이의 어머니도 상동염색체 중 하나가 돌연변이였는데 돌연변이라도 살아가는 데 큰 문제가 없었다고 해. 그러니 이제 미래에는 일부러 슈퍼맨을 만들지도 모르겠어.

이밖에 중국에서는 염소의 털 유전자를 조작해 좋은 캐시미어를 생산하기도 하고, 호주에서는 달걀에서 알레르기 단백질을 제거하려는 노력도 하고 있어.

"왠지 동물들을 학대하는 것 같아요."

그래, 그렇게 느낄 수도 있겠구나. 하지만 동물의 질병을 예방한다는 차원에서 생각하면 그렇지도 않아. 이제 동물의 질병에 관해 알아보자.

전염병을 없애는 유전자 가위

가축에게 전염병은 큰 문제야. 특히, 우리가 가장 많이 사육하는 가축인 소, 돼지, 닭은 좁은 공간에서 키우기 때문에 한번 전염병이 발생하면 많은 개체가 죽거나 병들어. 농가에 막대한 피해를 주고, 우리에게 공급되는 가격도 높아지지.

"아프리카 돼지 열병이 생겼다는 뉴스를 본 적이 있어요."

맞아. 아프리카 돼지 열병은 치사율이 100%나 되는 무서운 질병이야. 야생 멧돼지로부터 농장의 돼지들로 전염이 되는데, 치료약과 백신이 없어서 돼지 열병이 발생하면 발생한 곳 주변 농장의 돼지를 모두 살처분해야 해. 땅을 파고 살아 있는 돼지를 전부 묻는 거야. 살아 있는 가축을 죽인다는 게 마음에 걸리지 않니? 또 동물의 사체가 썩으면서 토양과 물도 오염되니까 여러모로 문제야.

닭도 비슷해. 고병원성 조류독감이 야생 조류에 의해 일반 닭에게 옮겨지면 닭도 모두 살처분해야 해. 돼지와 마찬가지로 치사율이 거의 100%에 가깝거든. 특히, 인플루엔자는 변이가 쉽게 일어나서 인간에게 전염이 될 수도 있는 무서운 병이야.

"우리는 무적의 크리스퍼-캐스9이 있으니 괜찮겠죠?"

과학자들이 많은 노력을 하고 있단다. PRRSV라는, 돼지 질병을 옮기는 바이러스가 있어. 이 바이러스는 세포로 들어오기 위해 돼지의 특정 단백질을 사용하지. 그 단백질을 만드는 유전자만 찾으면 돼. 미주리대학교 연구 팀이 그 유전자를 발견해 유전자를 편집한 돼지를 만들었는데, 유전자 편집 돼지는 PRRSV 바이러스에 저항성이 강한 것으로 확인됐어.

아프리카 돼지 열병도 바이러스에 의해 전염돼. 영국 연구 팀은 이 바이러스에 영향을 받지 않는 흑멧돼지의 특정 유전자에서 일반 돼지와 다른 염기 서열을 발견했어. 그리고 유전자 편집에 성공했지. 아직 아프리카 돼지 열병에 저항력이 있는지 확인하지 못했지만, 곧 무서운 질병을 고칠 수 있다는 소식이 들릴 거야.

유전자 가위, 어디까지 써도 될까?

혹시 아일랜드 대기근이라고 들어 봤니? 아일랜드는 1847년부터 1852년까지 오랫동안 기근이 있어서 무려 100만 명이 굶어 죽었어. 그리고 100만 명이 이민을 갔다고 해. 당시 아일랜드 인구가 800만 명인 것을 생각하면 엄청난 사건이야.

왜 이런 기근이 생겼냐면 감자 때문이야. 물론 영국과의 마찰도 원인이었지만, 어쨌든 가장 큰 문제는 감자였지. 아일랜드인의 주식은 감자였는데, 당시 아일랜드의 감자 종류가 한 종이라서 감자 역병이 돌자 거의 모든 감자가 병에 걸려 죽었어. 그때의 충격이 너무 심했는지 아직도 아일랜드 인구는 502만 명으로, 인구를 회복하지 못했어.

"지금의 유전자 편집 기술로 감자 역병에 강한 감자를 만들었으면 어땠을까요?"

그랬다면 굶주림의 고통이 없었겠지. 그래서 인간은 유전공학이 없던 시대에도 식량 생산을 늘리기 위해 노력했단다.

멕시코 중부에서 5,310년 전의 옥수수가 발견되었다고 해. 테오신트라는 이 오래된 옥수수에선 지금의 옥수수 모양을 찾아볼 수 없어. 그저 강아지풀처럼 생겼어. 유전자를 분석해야 우리가 아는 옥수수와의 연결 고리를 찾을 수 있을 거야. 이게 무슨 뜻이냐 하면, 우리 조상들은 작물화할 수 있는 식물을 인위적으로 개량했어. 알곡이 더 크고 많이 열리는 쌀과 밀을 선택적으로 심었고, 전분이 더 많은 감자를 골라 심었지. 현재의 작물들은 우연적 돌연변이와 인위적 품종개량의 결과라고 할 수 있어.

과학기술이 발달하자 유전자의 비밀을 알게 된 인간은 다른 생물의 유전자를 도입하기 시작했어. 바로 유전자 변형 농수산물(GMO)의 시작이야. GMO는 Genetically Modified Organism, 말 그대로 유전자를 변형시킨 생물을 뜻해. 미국 농무부에서는 '특정 목적을 위해 식물이나 동물을 유전공학 기술이나 다른 전통적인 방법을 이용해서 유전 가능한 방식으로 개선한 생산품'이라고 정의해. 그런데, 이렇게 정의하면 우리 조상들이 천천히 개량해 온

옥수수도 GMO겠지?

그러니까 좀 더 좁은 의미로, 외부 DNA를 원래 생물의 유전체 속에 넣은 식품을 GMO라 생각하면 편해. 혹시 최초로 판매 승인 난 GMO가 뭔지 아니?

바로 토마토였어. 플레이버 세이버라는 토마토인데 1990년대에 만들어졌지. 그전까지 토마토는 쉽게 무르는 것이 문제였어. 물러 버린 토마토는 상품으로 가치가 없었거든. 그래서 농부들은 아직 익지 않은 초록색 토마토를 수확해서 판매지로 운송하는 중에 에틸렌이란 호르몬을 넣어 강제로 익혔어. 물론 자연적으로 익히지 않았기에 맛이 떨어졌지.

이런 문제 때문에 미국의 칼젠이란 회사에서 토마토를 연구했어. 이 회사의 연구진은 토마토에서 세포벽을 분해하는 단백질(효소)이 나와 단단한 세포벽을 분해해서 단단했던 토마토가 무르게 변한다는 사실을 알아냈어. 그래서 연구진은 외부에서 얻은 유전자를 토마토에 주입했지. 그러자 토마토 세포는 세포벽 분해 효소를 만들지 못했고, 빨갛게 익었을 때 따도 오랫동안 싱싱함을 유지했어. 연구진은 이 토마토에 '향미를 더한다'는 뜻의 플레이버 세이버라는 이름을 지었어.

그런데 이 토마토는 잘 팔리지 않았어. 가격이 일반적인 토마토보다 2배나 비싸기도 했고, 무엇보다 사람들이 '유전자조작' 토마

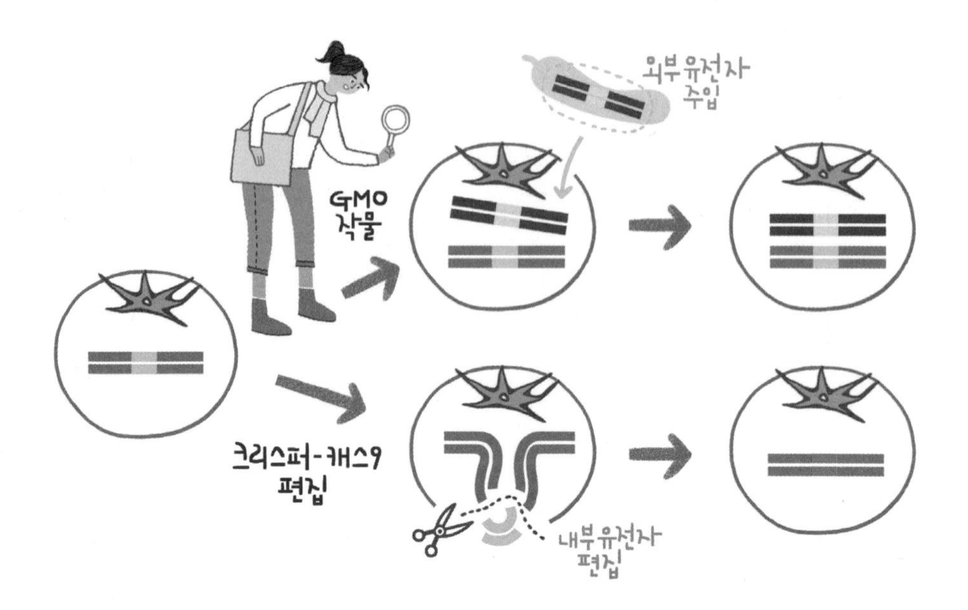

GMO 토마토와 크리스퍼-캐스9 토마토의 차이

토를 먹고 싶지 않아 했거든. 결국 이 토마토는 출시된 지 3년 만인 1997년에 생산이 중단되었단다. 그럼에도 옥수수, 목화, 쌀, 콩, 호박 등 많은 GMO 작물이 여전히 개발·생산되고 있어. 우리도 모르는 사이에 GMO 작물을 소비하고 있을지 모른단다.

"선생님 그렇다면 우리가 배우려는 크리스퍼-캐스9으로 유전자를 편집한 작물은 GMO인가요?"

바로 그게 문제야. 자, 그림을 보면서 설명해 볼게.

먼저 GMO 토마토에는 외부 유전자가 도입돼. 이 외부 유전자

는 원래 토마토에 없는 다른 생물의 유전자야. 하지만 크리스퍼-캐스9으로 편집된 토마토를 생각해 보자. 예를 들어 정밀한 유전자 가위로 원래 토마토 유전자 염기 중 하나의 A(아데닌)를 G(구아닌)로 바꿨다고 해보자. 그러면 이 토마토는 가지고 있던 유전자가 기능을 못할 거야. 하지만 GMO 토마토처럼 외부 유전자를 넣지는 않았어. 두 토마토를 모두 GMO라 부를 수 있을까?

유전자 편집 작물이 GMO인지 미국에서도 많은 논란과 논의가 있어. 이 부분은 뒤에서 다시 다룰게. 일단은 GMO와 유전자 가위로 유전자를 편집한 토마토의 차이만 알고 있자.

GMO의 시대

한 가지 질문을 할게. 여러분이라면 '유전자조작' 식품을 먹을 수 있겠어? 혹시 고개를 절레절레 흔들지 않았니? 왠지 유전자를 조작한 뭔가를 먹으면 내 몸에 이상이 생길 것 같은 기분이 들어. 조작, 변형이라는 어감에서 주는 부정적인 느낌 때문일 거야. 이제 GMO에 관해서도 깊이 생각할 때야. 앞에서 GMO에 대한 내용을 배웠는데 기억나니?

"네, 다른 생물의 유전자를 도입한 유전자 변형 생물이에요. 잘 무르지 않는 토마토처럼요"

잘 기억하고 있구나. 우리도 모르게 GMO는 우리의 식생활 전반에 걸쳐 많이 들어와 있단다. 유전자조작(GE) 작물은 1996년 도입되어 빠르게 증가했어. 2022년에는 미국의 옥수수, 면화 및 대두의 90% 이상이 유전자조작 품종을 사용하여 생산됐지.

유전자를 조작한 부분은 제초제 내성, 곤충 내성 같은 부분이야. 작물은 잡초와 광합성 경쟁을 해야 해. 그래서 농부는 작물이 잘 자랄 수 있게 하나하나 잡초를 뽑곤 하지. 하지만 농경지가 굉장히 넓다면? 잡초를 손으로 하나하나 뽑을 수 있을까?

"잡초를 죽이는 제초제를 뿌리면 안 되나요?"

하지만 우리가 심는 작물도 식물이기에 잡초를 죽이려고 뿌린 제초제에 작물이 같이 죽을 수도 있어. 그래서 과학자들은 제초제에 내성이 있는 유전자를 작물에 도입했단다. 제초제를 뿌리면 잡초만 죽고 작물은 살아남을 테니까. 2022년 제초제 내성을 가진 GMO 대두는 전체 경작지의 95%, 면화는 94%, 옥수수는 90%에 육박해.

해충에 내성을 가진 GMO도 있어. 토양 박테리아의 유전자를 도입한 식물은 해충이 갉아먹지 않아. 그러면 작물의 생산량을 늘릴 수 있지. 2022년 옥수수의 84%, 면화의 89%가 유전자를 변형한 해충 저항성 종자로 재배되었어. 즉, 제초제와 벌레에 내성을 가진 GMO 품종이 전체 경작지의 대부분을 차지하고 있는 거야.

우리나라도 마찬가지일 거야. 콩과 옥수수를 수입하고 있기에 우리가 먹는 식품 대부분이 GMO를 사용해 만든 식품이란다. 수입한 콩과 옥수수로 식용유를 만들고, 이 기름으로 많은 요리를 해. 그리고 빵, 과자, 라면의 재료로도 GMO를 사용하지. 우리나라의 GMO 식품 수입량은 사실상 전세계 1위라고 해. 하지만 어디에도 GMO 표시가 안 되어 있어.

"그럼 우리가 GMO 식품을 먹고 있었다는 거예요? 전혀 몰랐어요!"

GMO 표시 규정 때문이야. 최종 제품에 GMO 성분이 없거나 주요 원재료 5가지에 들어가지 않으면 GMO 표시를 하지 않아도 되는 규정이지. 콩기름이나 옥수수전분당은 제조 과정에서 다른 성분을 걸러내고 식용유와 전분당만 남기기에 GMO 유전자나 단백질이 남아 있지 않아. 그러니 GMO 표시를 하지 않지. GMO 작물이 여섯 번째 많은 양으로 들어가도 표시하지 않아. 이게 무슨 뜻이냐면 카레를 생각해 보자. 주재료는 밥, 감자, 양파, 당근, 고기순으로 많은 양이 들어갔고, 다음 여섯 번째 많은 양으로 GMO 옥수수전분당이 들어갔다면 옥수수전분당은 표시하지 않아도 돼. 이런 결과로 우리는 유전자조작 또는 변형 식품을 계속 먹어왔음에도 모르고 있었던 거야.

어때? 배신당한 기분이 드니? 그도 그럴 것이 바이오센터의 인식 정보 조사에 따르면 85%의 사람이 바이오·의약에 유전자 변형 기술을 사용해도 된다고 답했어. 하지만 식품에는 30~40%의 사람만 동의할 뿐이었지. 식품에 유전자 변형 기술 사용을 반대한 사람이 60~70%라는 뜻이야. 그런데 그동안 우리가 GMO 식품을 먹어 왔다니, 충격적인 일이지.

"선생님, 우리 몸은 괜찮은 건가요?"

일단 '유전자재조합 식품의 안전성 평가 심사 등에 관한 규정'에 따라 안전성 평가를 통과한 유전자 변형 작물로 만든 식품을 먹었기에 건강상 문제는 없을 거야. 미국에서도 GMO 식품을 까다롭게 검증하고 있어. 미국 연방기관, 미국 의사협회, 미국 국립과학원, 세계보건기구는 우리가 먹는 GMO 식품이 안전하다고 발표했단다.

그래도 외부 유전자가 도입된 GMO 콩을 먹는 건, 왠지 자연적이지 않은 식품을 먹는 기분이 들지 않니? 다행히 이제 GMO를 넘어선 크리스퍼 시대가 도래했어. 크리스퍼-캐스9으로 편집한 생물은 다른 생물의 유전자를 도입하지 않기에 GMO와는 달라. 조금은 안심해도 될 것 같은 기분이야. 하지만 대중은 둘을 같게 생각한다고 해. 미국에서는 유전자 가위를 사용한 작물도 GMO의 일종이라 말하며 강력하게 감시하고 심지어 유전자 가위 사용마저 반대한단다.

어디 한번 찬성, 반대의 입장을 살펴볼까?

먼저 찬성의 입장. 2022년 11월 15일 세계의 인구는 80억 명을 돌파했어. 11년 전에 70억 명을 돌파했으니 엄청난 속도야. 우리나라는 인구 증가율이 세계 최저라고 하지만 아직도 세계의 인구는 기하급수적으로 늘고 있어. 전문가들은 세계 인구가 2037년에 90억, 2050년에 100억 명이 될 것이라 예측하지. 인구가 늘어난다는 것은 더 많은 식량이 필요하다는 거야. 많은 식량을 키우려면 더 많은 농지를 개간해야 해. 숲을 더 개간해야 할지도 모르고, 강을 막아 물을 끌어와야 할지도 모르지. 그렇다면 필연적으로 따라오는 것이 환경 파괴일 거야.

안 그래도 지구는 기후 위기를 맞고 있어. 앞으로 지구의 온도가 1.5도만 더 오르면 지구는 인간이 살 수 없는 공간이 될 거야. 그러니 우리는 환경과 식량을 모두 생각할 필요가 있어. 이를 크리스퍼 기술이 해결할 수 있어. 이런 이유로 찬성 입장인 사람들은 유전자 편집으로 식량의 생산을 증가시키면 환경 파괴를 줄일 수 있다고 주장해.

이번에는 반대 입장을 보자. 반대 입장인 사람들은 안전 문제를 제기해. 이런 변형 식품이 나온 지 오래되지 않아 아직 어떤 부작용이 튀어나올지 모른다는 거야. 또 크리스퍼 기술이 찬성론자들

GMO 찬반 토론

이 말하는 것처럼 올바른 방향으로 쓰여지지 않을 거라고 주장하지. 그들의 주장에도 일리가 있어. 지금도 사람들은 크리스퍼 기술의 소유권을 가지고 싸우고 있거든. 크리스퍼 유전자 가위 기술이 곧 돈이 되기 때문이지.

한 가지 예를 들자면, 중국 베이징게놈연구소에서 마이크로 돼지를 만들었어. 마이크로 돼지는 다 자라도 몸무게가 13kg밖에 되지 않아서 귀엽지. 유전자를 조작해 발육을 억제한 돼지를 만든 거야. 처음에는 인간의 파킨슨 병을 연구하기 위해 이 돼지를 만들었어. 큰 돼지는 연구에 불편하니 작은 돼지를 만든 거지. 하지

만 이 귀여운 마이크로 돼지는 한 마리당 168만 원에 반려용으로 판매되었어. 그렇다면 파킨슨 병 연구를 위해 만든 이 돼지를 반려용으로 팔아 본격적으로 돈벌이를 할 사람이 나타날지도 몰라.

크리스퍼 시대는 이미 도래했어. 여러분의 생각은 어때? 이제 우리는 정확히 공부하고 판단해야 해. 정부는 안전성 검사를 철저히 하고, GMO 표시 의무제 같은 규정도 소비자가 알 수 있도록 정비해야 하지. 과학자들은 크리스퍼 기술을 사용해 굶주리는 사람을 구할 때도 기후 변화, 환경 파괴를 줄일 수 있는 방향으로 연구해야 해. 환경 단체는 무조건 반대하기보다 크리스퍼 기술을 정확히 알고 긍정적인 방향을 제시해야 할 거야.

식량난의 해결사는 GMO 식품?

보리 흰가룻병이라는 질병이 있어. 보리가 걸리는 병인데 일종의 곰팡이가 원인이야. 이 곰팡이에 감염되면 보리 잎이 흰가루가 핀 것처럼 변하는데, 곰팡이가 잎의 영양분을 빨아먹어서 결국 보리가 죽게 되는 병이야.

2004년 유럽 과학자들이 흰가룻병을 일으키는 곰팡이에 내성이 있는 유전자를 발견해. 이 보리는 MLO라고 불리는 유전자에 돌연변이가 있었어. 과학자들은 이 돌연변이가 아주 오래 전인 1942년, 독일에서 X선을 쬔 품종에서 왔다는 것을 밝혀냈지. X선은 DNA 돌연변이를 일으키거든. 1942년에 X선에 의해 일어난 돌연변이가 현대에 발견된 거야. 그전까지 농부들은 이 보리를 흰

가룻병에 걸리지 않는 자연 돌연변이라 생각하며 키워 왔었는데 말이야. 지금까지 이 보리가 많은 사람의 굶주림을 해결해 왔던 거지.

이제 우리는 질병으로 작물을 잃지 않아도 돼. 크리스퍼-캐스9이라는 정밀한 유전자 가위를 손에 쥐었으니까. 이 무기를 잘 이용하면 식량을 늘려 굶주리는 사람들을 구할 수 있을 거야.

2014년, 중국에서는 크리스퍼 기술로 밀의 MLO 유전자 6개를 편집했어. 이 밀은 흰가룻병에 저항성이 생겼단다. 더군다나 유전자만 편집했으므로 어떠한 외부 유전자도 들어오지 않았어. 외부

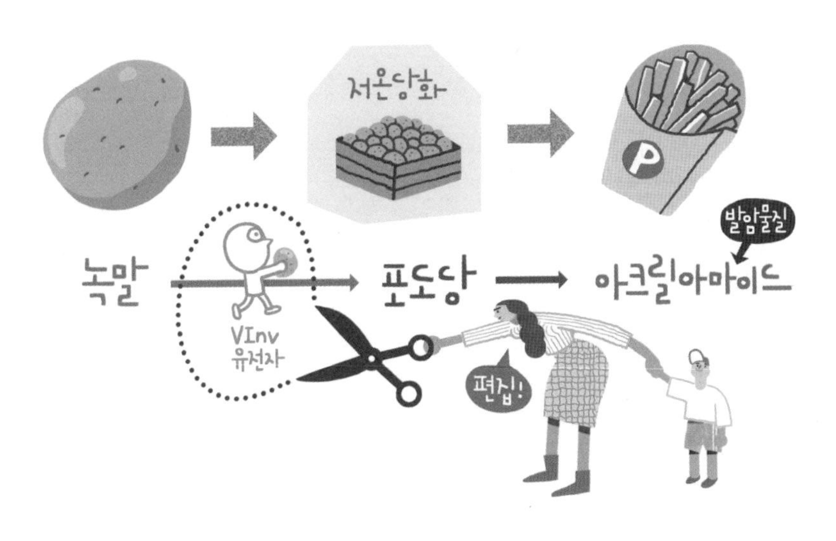

녹말의 저온당화와 아크릴아마이드 생성

유전자가 들어오지 않았으니 외부 유전자 때문에 발생하는 혹시 모를 부작용을 걱정하지 않아도 되었지. 과학자들은 그 외에도 많은 작물의 유전자를 편집 중이야. 쌀을 마름병을 이기도록 편집했고, 옥수수가 제초제에 저항력을 갖도록 만들었어. 질병을 이겨낸 작물들의 생산력은 자연스럽게 증가했지.

더 건강한 감자

감자는 세계 어디서나 키우는 주요 작물이야. 밀, 쌀, 옥수수와 같이 주요 작물 중 하나지. 감자는 아시아와 유럽에서 가장 많이 재배되는 작물이야. 요리에 감자가 많이 들어가거든. 햄버거를 먹을 때, 감자튀김은 없어서는 안 되는 음식이잖니?

하지만 감자튀김은 정크 푸드로 낙인찍혔어. 고온의 기름에서 튀겨 내는 감자 칩이나 감자튀김에서 아크릴아마이드라는 발암물질이 만들어지기 때문이야. 발암물질은 암을 일으키는 물질이니까, 건강을 위해서 감자 칩이나 감자튀김은 멀리해야 하는 음식이 되었지.

"하지만, 뜨거운 감자튀김은 너무 맛있는걸요. 해결할 방법이 있겠죠?"

이제 크리스퍼-캐스9은 식량의 생산량 증대에만 쓰이지 않아. 건강에 더 안전한 음식을 만들 수도 있어. 발암물질인 아크릴아마

이드는 발아를 억제하기 위해 감자를 저온에서 오랫동안 보관하기 때문에 생기는데, 이때 감자의 녹말이 '저온 당화'해서 당으로 서서히 분해돼. 단순 당으로 변한다면 단맛이 느껴지니 더 좋겠지. 하지만 이것을 고온의 기름에 튀기면 달라. 당은 고온에서 아크릴아마이드로 변하거든.

칼릭스 회사는 감자를 저온 당화 시키는 유전자를 찾았어. 액포 인버타제 유전자(Vacuolar invertase gene)였지. 칼릭스 회사의 연구팀은 유전자 가위로 감자를 편집해 저온 당화 유전자를 억제했어. 액포 인버타제 유전자를 제거한 감자로 만든 감자 칩은 아크릴아마이드의 농도가 무려 70%가 줄어들었어.

"저온 당화를 막아 녹말이 포도당으로 변하지 않게 막았네요."

그렇지. 언젠가는 감자 튀김을 정크 푸드라고 말하는 것이 이상해지는 날이 꼭 올 거야.

콩기름의 예를 더 볼까? 식용유는 달걀프라이를 할 때나, 튀김을 할 때나 꼭 필요해. 콩으로 만드는 기름에는 트랜스 지방으로 전환되는 다중 불포화지방산이 많이 들어 있어. 트랜스 지방은 LDL 콜레스테롤의 양을 증가시키고, 이 LDL 콜레스테롤은 심장 질병의 위험도를 증가시키지. 그래서 미국식품의약국(FDA)은 식품에 이용하는 가공 트랜스 지방을 금지할 계획이라고 해.

기름 중에는 단일 불포화지방산인 올레산이 많이 들어 있는 기름이 건강에 좋아. 하지만 콩기름은 겨우 24%의 단일 불포화지방산을 함유하고 있어. 건강한 기름이라는 카놀라유에는 단일 불포화지방산이 61%, 올리브유에는 무려 75%가 포함되어 있지.

건강한 감자를 만들었던 칼릭스 회사는 2세대 유전자 가위인 탈렌으로 콩의 유전자를 편집했어. 콩에는 지방산 불포화 효소가 있는데, 이 효소는 단일 불포화지방산을 다중 불포화지방산으로 전환하거든. 결과는 어떻게 되었을까? 유전자를 편집한 콩으로 기름을 만들자, 단일 불포화지방산인 올레산이 무려 80%나 되었어. 올리브유보다 더 건강한 기름이 된 거야.

바나나 멸종을 막아라

지금 세계적으로 즐겨 먹는 바나나가 한 종이라는 것을 알아? 우리에게 익숙한 노란 바나나는 캐번디시라는 품종이야. 바나나는 씨가 없기에 영양생식(뿌리나 줄기 등을 떼 내어 기르는 방식)으로 번식하고 있어.

"전에는 다른 바나나가 있었나요?"

선생님도 못 먹어 본 바나나인데, 바로 그로미셸이라는 품종이야. 캐번디시에 비해 당도도 높고 껍질이 두꺼워 운송과 보관도 편했다고 해. 1950년대에 파나마 병이라는, 바나나에게 암 같은

병이 퍼져 멸종했어.

"바나나가 그렇게 쉽게 멸종돼요?"

바나나에 씨앗이 없기 때문이야. 씨가 없는 바나나는 유성생식이 아닌 일종의 무성생식인 영양생식으로 번식하거든. 바나나 나무 한 그루의 줄기 등을 떼서 심는 방식이지. 그럼 모든 바나나의 유전자는 같겠지? 그래서 한 번 병이 퍼지기 시작하면 모든 바나나에 쉽게 전염되어 버리는 거야.

지금 먹는 캐번디시라고 안전한 것은 아니야. 캐번디시 역시 그로미셸을 멸종시킨 파나마 병의 변종 바이러스에 약하다는 것이 밝혀졌어. 캐번디시 바나나마저 멸종하면 이제 우리는 바나나를 못 먹을 수도 있어.

다행히도 우리나라의 김진수 연구 팀이 크리스퍼-캐스9으로 바나나를 지켜내려고 연구하고 있어. 세균의 면역반응인 크리스퍼 전체를 작물에 넣어 바이러스를 막으려는 거지. 세균의 크리스퍼가 바이러스를 막은 것 기억하지? 이번에는 바나나가 바이러스를 스스로 제거할 거야.

"크리스퍼가 작물 보존에도 쓰이네요."

실험실에서 만든 고기

'유전자 변형 식품'은 주로 식물을 가리키는 말이었어. 식품 중

최초로 유전자 변형을 승인받은 동물은 연어야. 2015년 미국에서 승인했지. 한국에도 GMO 연어에 관심을 가진 사람이 많을 거야. 우리나라는 1인당 수산물 소비량이 세계에서 가장 높아. 수산물 중에서 연어의 수입량도 엄청나지.

GMO 연어, 그러니까 유전자 변형 연어는 성장호르몬 유전자를 추가로 도입한 아쿠아드밴티지라는 연어야. 이 연어는 일반 연어보다 성장 속도가 2배나 빨라서 상업성이 매우 좋지. 성장 속도가 빠르기에 환경오염도 줄일 수 있어. 지구온난화 주범인 이산화탄소를 줄이려는 추세에도 어울리는 식품이지.

"유전자재조합 연어를 먹으면 이산화탄소가 줄어요?"

연어를 양식하려면 먹이를 줘야 하는데, 그 먹이도 따로 키워야 해. 이중으로 에너지가 쓰이니까 탄소가 많이 생겨. 하지만 연어가 2배나 빨리 자란다면 사육하는 기간이 짧아져 탄소가 적게 발생하는 거야.

이렇게 말하면 단점이 없어 보이지만, 문제는 결국 안정성이야. 미국의 GMO 반대론자들은 이 연어를 '프랑켄 생선'이라고 이름 붙였어. 소설 프랑켄슈타인에서 따온 거지. 이런 안 좋은 이미지 때문에 사람들은 GMO 연어를 먹지 않겠다고 해. 아직 갈 길이 조금 남은 것 같지?

"유전자재조합 식품 중 다른 동물은 없나요?"

사실 연어보다 먼저 유전자를 변형한 동물은 돼지였어. 2000년대 초 일본에서는 시금치 유전자를 돼지에 도입했어. 돼지고기에는 지방이 많은데, 알다시피 동물성 지방을 많이 먹으면 건강에 좋지 않아. 그래서 돼지가 지방을 대사할 때, 건강한 지방산을 만들도록 시금치의 유전자를 도입한 거야.

실험 결과 GMO 돼지는 건강한 지방산인 리놀렌산의 수치가 일반 돼지보다 10배 높았어.

"그럼 건강한 돼지고기를 먹을 수 있는 거네요."

실제 돼지로 만들어졌다면 그랬겠지. 사실 이 실험은 시험관에서만 이루어졌어. 실제 돼지로 만들어지지 않았다는 거야. 이 연구는 사람들에게 환영받지 못했어.

"건강을 위한 연구인데 왜 그렇죠?"

유전자조작의 안정성을 믿을 수 없어서 그랬지. 그 시절 만들어진 돼지 중에서 환영받지 못한 돼지가 또 있어. 캐나다 겔프 대학교에서 만든, 침에서 피테이스(Phytase)라는 효소가 포함되어 나오는 돼지야.

"그게 무슨 일을 하는 효소죠?"

배설물의 성분을 바꾸는 효소야. 돼지 농장의 문제는 바로 돼지의 분뇨야. 돼지의 분뇨가 땅으로 스며 토양을 산성화시키고, 오염시키지. 그 오염 물질이 바로 인 화합물이야. 인 화합물이 많이

녹조를 만들고 수생식물을 폐사시키는 돼지 배설물

든 돼지 배설물은 시냇물로 녹아들어 녹조를 만들고, 수생식물을 폐사시켜.

"그럼 어떻게 해결했어요?"

유전자 편집 돼지의 침 속 피테이스라는 효소가 인 화합물을 잘 소화시키기 때문에 돼지 배설물에서 환경오염 물질인 인 화합물을 75%나 줄였어. 유전자 변형으로 환경오염을 줄인 거지. 그래서 이 돼지의 이름도 '환경 돼지(Enviropigs)'라 지었어.

"이 돼지는 실제로 태어났나요?"

10마리가 태어났어. 하지만 아쿠아드밴티지 연어만큼 대중들에

게 환영받지 못했어. 역시 유전자 변형 동물이라는 반감 때문이었지. 결국 최대 재정 후원사인 온타리오돼지사(Ontario Pork)사의 연구 자금이 끊겨 이 돼지는 모두 안락사 됐어.

"돼지가 불쌍해요."

논란이 많았어. 죄 없는 돼지를 안락사시킬 수 없다는 단체나 개인이 정말 선의로 돌보려고 자원하기도 했지. 하지만 유전자 변형 돼지가 자연으로 탈출하거나 가축 돼지와 교배하면 변형된 유전자가 막을 수 없이 퍼질 게 분명했어. 그래서 안락사를 택한 거야. 그러니 인간과 환경을 위한 유전자 변형 연구는 각종 규제와 소비자들의 불안 심리를 넘어서야 해. 유전자 변형 생물의 안정성을 높이는 방법으로 말이야.

3장

유전자 가위,
교환·환불도
되나요?

T
G
C
A

매머드가 다시 살아난다면?

새카만 얼굴에 온몸이 하얀 털로 덮인 생물이 있어. 흡사 외계 생명체 같아 보이는 이 동물은 얼룩무늬타마린 원숭이야. 몸길이가 30cm 정도에 몸무게가 500g도 안 나가는 이 원숭이는 멸종 위기종이야. 이 생물이 곧 자취를 감춘다니 아쉬운 마음이 안 드니?

멸종 위기인 얼룩무늬타마린 원숭이

"선생님, 도대체 동물들은 왜 멸종하는 거예요?"

이유는 여러 가지가 있지만 가장 큰 이유는 인간이 동물들의 생활 터

전을 빼앗기 때문이야. 사람들이 밀림의 나무를 베어 농경지를 만드는 바람에 많은 생물이 집을 잃었단다. 사람들은 또 동물들이 멋있다는 이유로 밀렵하고, 상아나 뿔을 얻기 위해 죽이기도 하지. 멸종 위기 동물은 가뜩이나 자연적 번식이 어려운데 숫자마저 줄고 있으니 큰일이야.

"동물들이 너무 불쌍해요. 멸종을 막을 수 없을까요?"

많은 사람이 멸종을 막기 위해 노력하고 있어. 털리스 맷슨이라는 사람은 코끼리 정액을 모으고 다닌다고 해. 그 이유는 코끼리 유전자를 확보해서, 인공수정으로 멸종 위기에 놓인 코끼리의 숫자를 늘리기 위해서야. 코끼리도 숫자가 많이 줄었거든. 멸종될지도 모를 코끼리를 보호하기 위한 행동이지.

털리스 맷슨은 우수한 경주마를 인공수정하는 사업가야. 환경운동가도 전문가도 아닌 사업가가 경주마 인공수정 기술을 이용해 코끼리 보호에 앞장서고 있어. 털리스 맷슨의 목표는 식물의 종자 은행처럼 동물세포 은행을 만드는 거야. 그는 비영리단체를 만들고, 멸종 위기종 동물세포를 채취해 극저온으로 냉동시켜 보존하는 중이야.

세포 보전은 멸종을 막을까?

맷슨은 왜 동물들의 세포를 모을까? 이 세포는 어떻게 동물의

멸종을 막는다는 것일까? 세포 속에는 핵이 있고, 핵 안에는 특정 동물의 모든 유전자가 온전히 있단다. 온전한 유전자가 있다면 그 유전자로 동물을 태어나게 하는 데 문제가 없을 거야. 복제양 돌리라고 들어 봤니?

"네, 자세한 내용은 모르지만 양을 복제한 것 아닌가요?"

맞아. 자세한 내용은 뒤에서 배울 거야. 미리 하나 말해 주자면, 지금 코끼리 세포를 잘 보존한다면 코끼리가 멸종되어도 부활시킬 수 있어.

스페인 북부에 사는 피레네 아이벡스(Pyrenean Ibex)라는 산양이 있어. 큰 뿔이 아름다운 이 산양은 인간의 사냥으로 2000년에 공식적으로 멸종됐어. 하지만 마지막 산양이 죽을 때, 사람들은 그 산양의 세포를 동결 보존했어. 그리고 3년 뒤, 과학자들이 세포를 복제해 피레네 아이벡스를 다시 태어나게 했지. 공식적으로 멸종한 생물이 다시 태어난 거야. 안타깝게도 얼마 못 사는 바람에 피레네 아이벡스는 두 번이나 멸종된 생물로 기록되었지만, 세포를 온전히 보존한다면 멸종된 동물도 되살릴 수 있다는 사실이 밝혀졌지.

인기 애니메이션 〈아이스 에이지〉를 봤니? 몇만 년 전 빙하기가 배경인 이 애니메이션에는 주인공 삼인방인 시드, 디에고, 엘

리가 나와. 각각 땅늘보, 검치호랑이, 매머드라는 동물이야. 모두 멸종한 동물로 지금은 볼 수 없어. 빙하기가 와서 멸종한 이 동물들을 지금 복원할 수 있을까?

멸종된 검치호랑이의 모습

"선생님, 이 동물들의 온전한 세포가 있다면 복원할 수 있지 않을까요? 빙하 속에서 매머드가 발견됐다는 기사를 봤어요."

오, 그렇단다. 빙하 속에서 나온 매머드라면 세포를 구할 수 있지. 하지만 살아 있는 동물의 세포를 채취해 되살리는 일과 죽은 동물의 세포를 채취해 되살리는 일은 조금 다르단다. 고생물을 부활시키는 작업은 굉장히 어려운 일이야. 하지만 발전하는 유전자 가위 기술로 과학자들은 털매머드 부활에 힘쓰고 있단다. 과연 어떤 방법으로 매머드를 부활시킬 수 있을까?

털복숭이 매머드가 시베리아의 빙하 속에서 썩지도 않고 발견되었다는 기사가 있어. 즉각 DNA를 추출하려고 노력했지만, 냉동 DNA도 시간이 지남에 따라 서서히 파괴됐어.

과학자들은 새로운 방법을 생각해 냈어. 지금 생존하는 생물들과 비교해 본 결과 털매머드와 아시아 코끼리의 DNA 구성이

99.6% 일치했어. 그래서 아시아 코끼리를 이용하기로 했지. 아시아 코끼리와 털매머드는 어떤 점이 다를까? 털매머드는 추운 극지방에 살았어. 온몸에 털이 나 있고, 극지방에 사는 바다사자처럼 지방층도 두꺼울 거야. 이런 형질들이 추위를 이기게 해 줬겠지?

"털매머드에게 그런 형질들을 만드는 유전자가 있겠군요?"

이제 제법 유전공학자가 된 것 같구나. 맞아. 아시아 코끼리 세포를 채취한 후 털메머드 유전자를 아시아 코끼리 유전체에 편집해 넣으면 털매머드를 부활시킬 수 있을 거야. 물론 크리스퍼-캐스9 기술이 사용되겠지. 이 일은 쉬운 일이 아니야. 무려 DNA 염기 150만 개를 편집해서 넣어야 하거든. 그렇게 새롭게 편집된 세포로 배아를 만들어 아시아 코끼리의 자궁에 임신시키면 매머드의 성질을 가진 아시아 코끼리가 탄생할 거야.

"그런데 선생님, 도대체 털매머드는 왜 복원하려는 건가요?"

환경을 위해서야. 초식 동물인 매머드는 땅이 항상 얼어 있는 극지방에 살았어. 춥고 건조한 지역의 풀을 뜯고, 나무를 쓰러뜨렸지. 털매머드는 대규모로 이동하는 습성을 지녔었는데, 그로 인해 극지방의 초원이 관리되었어. 극지방 초원이 복원되면 빙하가 녹는 것을 늦출 수 있을 거야. 그런 이유도 있지만, 나는 이미 멸종된 털복숭이 메머드를 눈앞에서 만져보고 싶구나.

미국의 롱나우 재단은 여기서 더 나아가 인간이 멸종된 동물을 복원시켜야 할 의무가 있다고 주장해. 인간의 사냥으로 멸종한 여행비둘기와 큰바다오리, 위부화개구리를 되살리는 것은 생물 다양성을 강화하고, 멸종 예방 운동에 좋은 영향을 끼친다고도 주장하지.

동물만큼 식물도 중요해. 우리나라도 생물의 DNA 정보를 따로 보존하고 있어. 국립생물자원관은 한반도에 사는 희귀 식물 45종의 DNA 정보를 보존했어.

"식물을 보존하는 이유가 있나요?"

가장 큰 이유는 멸종을 막기 위함이고, 다른 이유로 생물 주권을 지키자는 의미도 있어. 샤인머스캣이란 포도 알지? 샤인머스캣을 처음 만든 국가 일본은 실수로 해외 품종 등록을 하지 않아 로열티를 주장하지 못하고 있어. 다르게 말하면 다른 나라가 샤인머스캣 같이 새로운 품종을 만들고 제때 등록하면 로열티를 주장할 수 있다는 뜻이지. 새로운 식물을 만들어 세계로 수출한다면 국가의 큰 재원이 될 거야.

또 식물은 신약 개발에 사용되기도 해. 만약 누군가 신약 연구에 한국 고유 식물을 사용한다면 한국은 권리를 주장할 수 있어. 과거 우리나라는 식물 보존에 관한 인식이 없었기에 일본과 미국

미스킴라일락이라는 이름으로 사고 팔리는 북한산 수수꽃다리

이 우리나라 토종 식물 자원을 수탈해 가는 것을 막지 못했어. 지금 북한산 수수꽃다리는 미국에서 미스킴라일락으로 이름을 바꿔 팔리고 있고, 고급 정원수인 노각나무와 크리스마스트리에 사용하는 구상나무도 우리나라가 원산지이지만, 오히려 역수입되고 있는 실정이야.

우리나라 고유종의 세포를 보존하는 것, 바꿔 말하면 DNA 정보를 분석해 우리나라 고유 생물임을 주장하는 것은 환경보호를 넘어서 생물 주권을 지키는 일이야.

침입종으로부터 고유종을 지키자

외래종 때문에 생태계가 교란된다는 소리를 많이 들어 봤을 거야. 우리나라 생태계를 망치는 외래종에는 어떤 생물이 있지?

"황소개구리, 뉴트리아, 큰입배스요."

잘 알고 있구나. 이들은 교과서에 자주 나오는 골칫거리 생물이야. 최근에 미국가재가 생태계 교란종으로 지정된 것을 아니?

미국가재는 다른 교란종과 마찬가지로 처음에는 우리나라에 관상용으로 들어왔다가 그대로 방류되어 국내 하천에 적응했어. 국내에도 참가재가 살고 있었지만 미국가재는 참가재보다 3배나 크고, 한 번에 500개의 알을 낳아 국내 하천을 순식간에 점령하고 말았어. 이 미국가재는 곰팡이병까지 옮긴다고 해. 미국가재가 국내 모든 하천을 점령하기 전에 뭔가 조치를 취해야 하지 않을까?

미국가재

반대로 우리나라 토종 생물이 외국에 나가 생태계를 교란하는 경우도 있어. 우리 토종 생물인 무당거미가 미국

에 퍼져 미국 토종 거미를 몰아내고 있고, 우리가 몸보신 음식으로 먹는 가물치는 미국의 호수 생태계를 교란하고 있지. 또 귀여운 외모의 한국 다람쥐는 유럽에 퍼져 나가 라임병을 옮기는 골칫거리가 되었다고 해.

혹시 아시아잉어라고 아니? 미국은 가물치뿐만이 아니라 아시아잉어 때문에도 골치를 썩고 있어. 얼마나 많으면 그물을 칠 필요도 없이 강에 배를 타고 가면 배 위로 튀어 오른 잉어로 배가 가득 찬대. 미국 강에서 배를 타는 사람들은 헬멧을 쓰고 있는데 아시아잉어에게 맞지 않기 위해서야. 튀어 오르는 잉어 때문에 턱이 부러진 사람도 있는 웃지 못할 일이 실제로 벌어지기도 했지. 미국은 2004년부터 6억 달러, 우리 돈으로 약 8,400억 원이란 천문학적 돈을 쓰고도 아시아잉어를 퇴치하지 못했어. 이 아시아잉어는 미국 전역으로 퍼져나가 토종 생물들의 씨를 말리고 있지. 아시아잉어가 미국 사람들의 미움을 산 것은 당연한 일이야.

"미국의 호수와 강을 구하기 위해 유전자 드라이브 기술이 필요한 순간이네요."

그래. 앞에서 말한 말라리아 모기처럼 조심할 필요가 있겠지? 아시아잉어의 개체 수를 줄이려면 아시아잉어에게만 통하는 크리스퍼-캐스9을 만들어야 할 거야. 자칫 크리스퍼-캐스9이 아시아잉어에게서 다른 종에 전달되고, 다른 생물에게도 작동한다면 또

크리스퍼-캐스9이 아시아잉어에서 다른 생물 종에게 전달된다면?

다른 생물을 멸종시키는 재앙이 될 수도 있어.

유전자 드라이브 된 아시아잉어가 반대로 원래 서식지인 아시아로 돌아오면 어떻게 될까? 문제가 없는 아시아의 잉어도 멸종하게 돼. 그래서 과학자들은 이런 모든 문제를 생각하고 대비하고 있어. 원래의 유전자를 회복할 수 있는 크리스퍼-캐스9을 만들어야 할 수도 있지. 면역 드라이브라고 이름 붙이면 될까?

몇 세대를 거치면 스스로 파괴되는 유전자 드라이브가 만들어질 수도 있어. 원치 않는 결과를 얻으면 다시 되돌아가는 유전자 드라이브도 개발되겠지? 아무튼 우리는 만반의 준비를 한 후에

유전자 드라이브 기술을 자연에 사용해야 할 거야.

"생물이 본래 나고 자란 곳에서 사는 시대가 어서 왔으면 좋겠어요."

생물을 보존하기 위해 과학자들이 세계 곳곳에서 노력하고 있으니 그런 시대가 머지않았어.

돼지의 장기를 사람 몸에 이식한다고?

유전자 변형, 편집에 많은 동물이 사용되어 왔어. 인간과 유전자가 매우 비슷한 생쥐, 인간과 분류학적으로 가까운 원숭이가 대표적이지. 하지만 크리스퍼 시대가 도래하자 돼지가 인간 질병 치료 모델로 많이 사용되었어. 돼지의 장기는 인간의 장기와 크기가 비슷하고, 돼지의 임신 기간은 114일 전후야. 인간의 280일과 비교하면 매우 짧은 시간이란다. 게다가 돼지는 한 번에 8마리에서 12마리의 새끼를 낳으므로 '인간 이식용 장기 생산 기지'로 보는 사람들이 있어.

"장기이식이면, 돼지의 심장을 인간에게 이식하여 사용할 수 있다는 건가요?"

미래에는 가능할지도 몰라. 하지만 아직은 죽을 날을 앞둔 심장병 환자에게 돼지의 심장을 이식한다는 건 소설 속에서나 볼 수 있는 일이지. 서로 다른 종의 장기는 이식할 수 없어. 바로 면역 거부반응 때문이지.

우리는 앞에서 T세포가 몸에 침입한 병원체를 인지하고 제거하는 과정을 배웠어. 외부 병원체에 감염되지 않기 위한 우리 몸의 적절한 조치였지? 종이 다르면 T세포가 인지하는 항원 부위가 달라. 그래서 다른 종의 장기를 이식한다면 적으로 인지하여 총공격을 하고 말 거야. 그것이 바로 면역 거부반응이야. 심지어 다른 종뿐만 아니라 인간끼리도 면역 거부반응이 일어나. 그래서 유전자가 비슷한 가족의 장기이식 가능성이 가장 높은 거야.

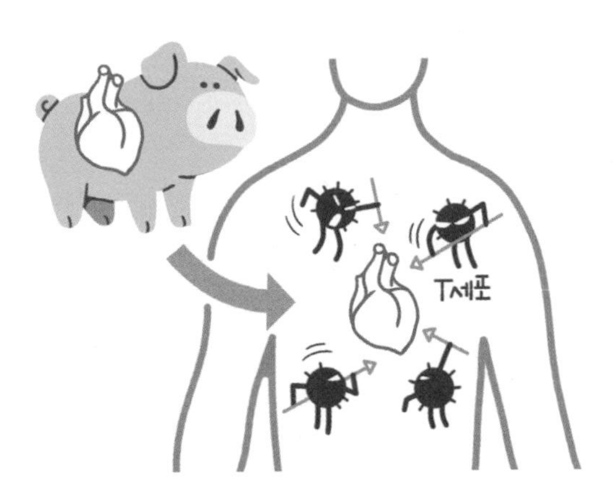

다른 종의 장기를 적으로 인지하는 T세포

그만큼 장기이식은 힘들지만, 장기이식을 기다리는 환자는 매우 많아. 이들은 자신과 꼭 맞는 장기를 이식 받을 수 있다는 희망으로 살고 있어.

국회 보건복지위원회 소속 의원에 따르면 2020년 기준 3만 2,990명 이상의 환자가 장기이식을 기다리고 있다고 해. 하지만 장기이식을 기다리다가 사망하는 환자는 해마다 꾸준히 늘고 있어. 2020년에는 2,194명이 사망했어.

"수술도 못 받고 죽다니 안타깝네요."

장기이식을 하려면 뇌사 판정을 받은 사람이 사전에 장기 기증 의사를 밝혔어야 해. 우리나라는 장기 기증이 잘 이루어지지 않아서 2020년 겨우 478건의 기증만 있었어.

이건 우리나라만의 문제가 아니야. 미국은 12만 4,000명이 장기이식을 원하고 있지만, 매년 2만 8,000건의 수술만 이루어지고 있대. 하루 평균 22명이 장기이식을 기다리다 사망하고 있어. 미국도 우리나라도 이식받을 장기가 없어서 사람들이 죽고 있지.

"동물의 장기를 사람에게 이식하는 연구는 얼마나 진행됐나요?"

동물의 장기를 이식하는 데 가장 큰 문제는 급성 면역 거부반응이야. 과학자들은 이 면역 거부반응을 없애는 데 유전자 편집을 사용하기 시작했어. 크리스퍼-캐스9으로 말이지.

먼저 돼지의 게놈에 숨어 있는 '돼지 내인성 레트로바이러스(PERV)'가 있어. 이 바이러스가 인간에게 전염되면 질병을 일으키지. 루한 양 연구 팀은 크리스퍼-캐스9을 이용하여 모든 유전체 안의 PERV 역전사효소 유전자를 돌연변이 시켰어.

"네? 역전사는 뭔가요? 전사를 거꾸로 하는 건가요?"

정답이야. RNA를 유전물질로 가지고 있는 바이러스는 역전사효소를 이용해 DNA를 만들어. 그리고 다시 전사와, 번역 과정을 거친단다. 역전사효소를 만드는 유전자를 돌연변이 시키면 인간의 몸에 들어와도 바이러스가 질병을 일으키지 못하겠지.

2015년 『MIT 테크놀로지 리뷰』에는 '외과의사들이 돼지에서 영장류로의 장기이식 기록을 깨뜨렸다'라는 내용이 실렸어. 연구자들은 개코원숭이에게 이식한 돼지 심장을 945일 동안 뛰게 했으며, 콩팥은 136일 동안 지속하여 기록을 세웠어. 장기간 거부반응을 막기 위해 인간의 유전자를 추가했다고 해. 상상 속에서만 일어날 줄 알았던 돼지 장기를 인간에게 이식하는 일은 이제 시간 문제야.

생명공학 회사 리비비코(Revivicor)는 연간 이식용 돼지 1,000마리를 키우는 것이 목표야. 이식용 돼지를 위해 연구에 막대한 자본을 투입하는 회사지.

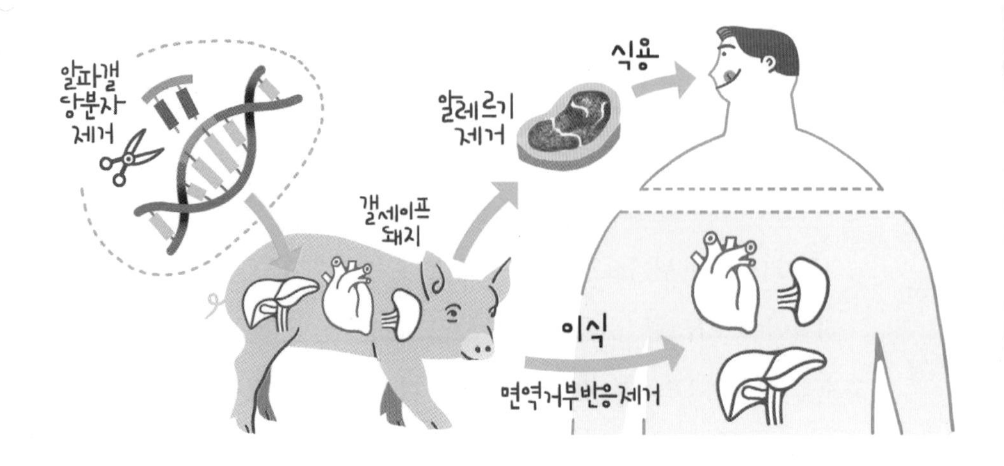

슈퍼 돼지 갤세이프

리비비코사는 2020년 12월 미국 FDA에 유전자 변형 돼지인 '갤세이프(Galsafe)' 사용 승인을 받았어. 식품용과 의료용 두 가지 목적으로 승인을 받았지. 갤세이프 돼지는 피부 표면의 알파-갤(Alpha-gal)이란 당 분자를 제거한 돼지야. 론스타 진드기에 물린 사람은 육류를 먹을 때 알파-갤에 심각한 알레르기 반응을 겪거든.

알레르기를 일으키는 알파-갤은 면역반응을 일으키는 항원이기도 해. 그러니 알파-갤을 제거한 돼지는 식품용으로도, 의료용으로도 쓰일 수 있어.

"그럼 갤세이프 돼지의 장기를 사람에게 이식할 수 있나요?"

2021년 9월 뉴욕대 랑곤헬스 메디컬센터 연구진이 유전자 변형 돼지 콩팥을 사람에게 이식하고 정상 작동하는지 확인했어. 인공호흡기로 생명을 유지하는 뇌사자에게 이식된 돼지 콩팥은 정상적인 소변과 노폐물을 만들었어, 면역 거부반응도 없었지. 곧 인간의 치료에 활용할 수 있을 거야.

합성 생물학

앞에서 인간게놈프로젝트에 대해 언급한 적이 있었지? 인간의 게놈 32억 쌍의 염기를 밝혀내는 일이야. 과학기술의 발달로 이전까지 보이지 않던 염기를 분석할 수 있게 되어 가능한 프로젝트지.

"눈에 보이지 않는 염기 하나하나를 알아낸다는 게 신기해요."

프레드릭 생어라는 과학자는 사슬종결법이라는 방법을 개발했어. 프레드릭은 DNA 염기 사슬을 하나씩 끊어서 전기영동, 즉 전기로 DNA를 움직여 무게별로 나열했지. 그는 염기마다 형광 색소를 입혀 염기의 종류를 차례차례 밝혀냈어. 물론 기술의 발달로 이제 전기영동이 아니어도 알아낼 수 있지만 말이야.

염기 사슬을 하나씩 끊어 색을 칠하는 프레드릭 생어

"선생님, 용어도 이해도 어려워요."

하하, 미안하구나. 여기선 인간게놈프로젝트에 참여한 크레이그 벤터(Craig Venter) 박사가 '합성 생물학'이라는 새로운 개념을 제시했다는 사실만 알면 돼. 생명의 모든 유전자를 읽어 낼 수 있으니 새로운 생물을 창조할 수도 있다는 개념이지.

크레이그 벤터 연구소는 2016년 『사이언스』에 생명 창조에 대한 논문을 발표해. 세상에 없던 생물을 창조했다는 거야.

"괴물이 탄생하면 어떻게 해요?"

아직 그렇게 복잡한 생물은 만들기 힘들어. 연구진은 염기 4종류를 이어 붙여 DNA를 만들었어. 이 생물은 세균이었는데, 세균 안에는 473개의 유전자와 53만 1,000개의 염기쌍이 있었어. 일반 세균들이 염기쌍을 300만~400만 개 가지고 있으니 보통 세균보다 6분의 1 정도 작은 세균이었지. 즉 가장 작은 유전자를 가진 세균을 만들어낸 거야. 이 인공 생명체의 이름은 'JCVI-syn3.0'인데, 이전 버전을 계속 작게, 더 작게 만들다 탄생했단다.

"멋있는 생물일 줄 알았는데 겨우 세균이라니, 뭔가 아쉬운 데요."

'겨우'가 아니야. 인공적으로 생물을 만들었다는 건 더 복잡한 생물도 만들 수 있다는 뜻이야. 이제까지는 기술과 예산이 문제였지만, 그 제약이 점차 사라지고 있어. 최근에 염기당 25센트 정도면 DNA 합성을 해 주는 회사가 생겼어. 수천 개의 염기 서열을 갖는 유전자를 주문하면 2~3일 내에 합성해서 배달해 준다고 해.

심지어 DNA는 길게 합성하는 것이 어려운데, 미국의 블루 헤론 바이오테크놀로지(Blue Heron Biotechnology)라는 회사는 5만 2,000쌍이나 되는 염기로 이루어진 DNA를 만들 수 있다고 해.

홈페이지에서 유전자를 주문할 수 있고, 크리스퍼-캐스9도 합성할 수 있어. 누구라도 유전자를 원하는 대로 편집하고, 원하는 유전자를 주문해서 실험하는 시대가 온 거란다.

"우와! 아무도 병에 걸리지 않는 시대가 올 것만 같아요."

인류와 자연에 좋은 쪽으로만 사용한다면 가능하겠지만, 안타깝게도 나쁜 쪽으로 생각하는 사람도 있을 거야. 누군가는 질병을 창조할 수도 있다는 말이야.

"병을 만든다고요?"

아직도 코로나19로 인하여 세계가 고통 받고 있어. 이제 겨우 안정에 접어들고 있지만, 초기에는 학교에 가지도 못하고 집에서 온라인 수업을 들었잖니? 다시 이런 질병이 발생한다는 생각만 해도 끔찍하지?

1918년 1차 대전 중에 사람의 목숨을 가장 많이 빼앗아 간 것이 뭔 줄 아니? 바로 스페인독감이야. 5,000만 명이 이 독감 바이러스 때문에 죽었지. 그런데 2005년 합성 생물학으로 실험실에서 이 바이러스를 복원했다고 해.

"도대체 왜 그런 일을 하는 거죠?"

생물학적 무기를 연구하는 것일지도 모르고, 어쩌면 바이러스 발생에 대비하려는 것일지도 몰라. 이처럼 합성 생물학에는 좋은 점도 나쁜 점도 있단다. 다음 장에서는 이런 문제점에 관해 토론하는 시간을 가져 보도록 하자.

치료하거나 새로운 병을 가져오거나

크리스퍼-캐스9으로 대표되는 유전자 가위는 미래에 어떤 좋은 혜택을 줄 수 있을까?

"뭐니 뭐니 해도 질병의 치료 아닐까요?"

우리가 앞에서 공부한 내용처럼 합성 생물학은 다양한 분야의 학문과 융합할 거야. 슈퍼 T세포를 만든 것 기억하니? 프세네거 교수는 이를 합성 면역학이라고 말했어. 이제 합성 약학, 합성 에너지공학, 합성 생리학 등 다양한 이름으로 크리스퍼-캐스9의 응용 연구가 나올 거야.

에너지 측면에서 합성 생물학의 미래는 밝아. 러시아는 우크라이나와 전쟁 중에 천연가스를 유럽에 보내지 않겠다고 했어. 우크라이나를 두둔하는 유럽을 위협하기 위해서야. 에너지를 무기처럼 사용한 거지. 에너지는 각 국가 경쟁력에서 매우 중요한 부문이야. 하지만 우리나라처럼 석유가 나지 않는 나라는 에너지를 전부 수입해야 해서 에너지를 가진 국가들에게 휘둘릴 수밖에 없단다. 그렇다면 이런 생각을 해볼 수도 있겠지. 우리나라가 석유 같은 에너지를 스스로 만들면 어떨까?

"석유 같은 에너지를 만들 수 있어요?"

실은 지금도 만들고 있단다. '바이오에탄올'이란 말을 들어 봤니? 식물은 광합성을 통해 포도당을 합성해. 그 포도당을 이용해서 옥수수의 녹말도 만들고, 사탕수수의 설탕도 만들지. 미생물은 녹말이나 설탕 같은 탄수화물 분자들을 분해해서 에탄올을 만든

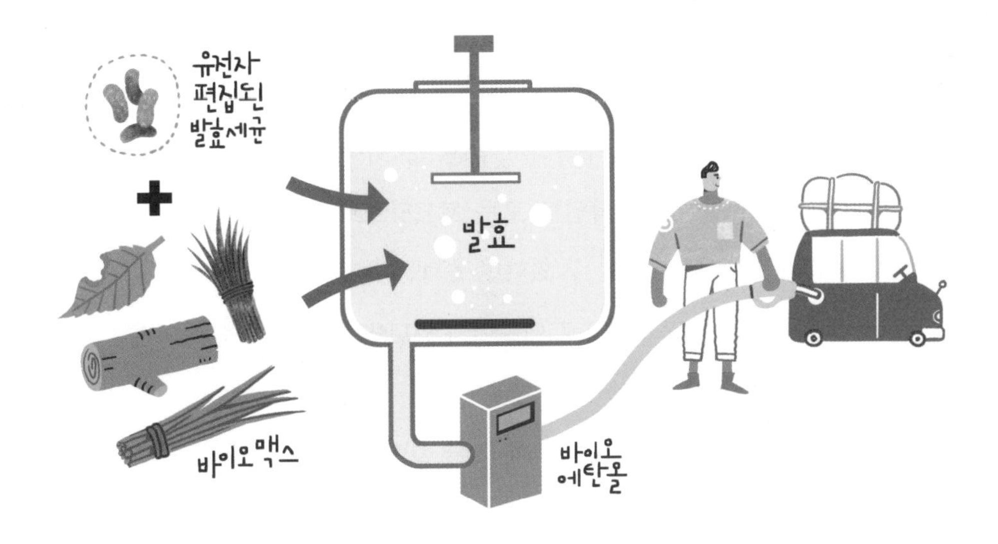

옥수수와 낙엽으로 만든 바이오 에너지

단다. 과학실 알코올램프를 켜 본 적 있니? 알코올램프에 불을 붙이는 에너지원이 에탄올이야. 바이오매스(Biomass), 즉 생물자원을 이용하면 생물 에탄올인 바이오에탄올을 만들 수 있단다. 미래에는 바이오매스를 활용한 에너지가 국가 에너지의 많은 부분을 차지할 거야.

바이오에탄올은 자동차 연료로 사용할 수 있어. 석유에 비교하면 오염 물질을 거의 배출하지 않으니 미래에 꼭 필요한 에너지라고 할 수 있단다. 그런데 옥수수를 이용하여 알코올을 만든다는 것이 왠지 에너지를 두 번 소비하는 듯하지 않니? 그렇다면 버려지는 낙엽을 이용하면 어떨까? 해마다 버려지는 식물체는 엄청나니까 말이야. 옥수수를 수확하고 남은 옥수수대뿐만 아니라 볏짚, 가로수에서 떨어지는 낙엽도 모두 포도당으로 되어있거든. 이런 버려지는 식물을 이용할 수 있다면 효과는 배가 될 거야.

"선생님, 풀이 포도당으로 이루어져 있다면 우리도 풀을 먹으면 에너지를 얻나요?"

안타깝지만 우리는 풀을 소화할 수 없어. 우리 몸은 풀을 포도당까지 분해할 수 없거든. 식물의 세포벽은 셀룰로스라는 탄수화물로 이루어져 있는데, 인간의 몸은 셀룰로스를 포도당으로 분해하지 못해. 하지만 소, 양 같은 초식동물은 풀만 먹어도 에너지를 얻을 수 있지. 셀룰로스를 포도당으로 분해할 수 있기 때문이야.

합성 생물학으로 이 셀룰로스를 분해해서 에탄올을 만들면 어떨까? 과학계에서 이 기술이 거의 완성되었다고 해.

유전자 가위는 의약품을 생산하는 시간도 줄일 수 있어. 세계보건기구(WHO)에 의하면 2013년 말라리아에 걸려서 사망한 사람이 58만 4,000명이라고 해. 과학자들은 말라리아를 치료하기 위해 이전까지 사람들이 말라리아 약으로 사용하던 개똥쑥을 연구했어. 그리고 개똥쑥의 아르테미시닌이라는 물질이 말라리아 원

충을 제거한다는 사실을 밝혀냈지. 하지만 개똥쑥에는 아주 적은 양의 아르테미시닌만 있을 뿐이었어. 그렇기에 거의 유일한 말라리아 치료제인 아르테미시닌의 가격은 매우 비쌌지.

아르테미시닌이 든 풀, 개똥쑥

1983년, 과학자들은 아르테미시닌을 합성하는 데 성공했어. 하지만 과정이 너무 복잡해서 차라리 개똥쑥을 키워서 아르테미시닌을 뽑아내는 쪽이 돈이 적게 들었어. 절망적이었지.

키슬링 교수 팀은 이에 굴하지 않고 효모에 개똥쑥 유전자를 넣는 실험을 했어. 개똥쑥 유전자를 넣은 효모는 아르테미시닌의 원료인 아르테미신산을 생산했지. 실험실에서 하는 복잡한 화학반응 과정을 효모 속 개똥쑥 유전자가 스스로 한 거야. 이렇게 만든 아르테미신산으로 실험실에서 아르테미시닌을 만들 수 있었어. 과정도 간단하고 비용도 많이 안 들었지. 이렇게 말라리아 특효약인 아르테미시닌을 짧은 시간에 대량 생산할 수 있게 되었어. 합성 생물학을 이용하여 의약품을 대량 생산한다면 돈이 없어 치료를 받지 못하는 미래는 없을 거야.

합성 생물학은 백신을 제조하는데도 활용되고 있어. 백신을 만들기 위해서는 바이러스의 염기 서열이 필요한데, 바이러스의 유전체를 확인하는 일은 현대에 와서 간단한 일이 되었지. 여러 가지 유전체 염기 서열도 이미 밝혀졌고 말이야.

합성 생물학을 잘 이용하면 미래는 장밋빛이야. 생물을 이용하여 토양의 오염 물질과 미세플라스틱도 제거할 수 있어. 심지어 인간이 접근할 수 없는 방사성폐기물도 제거할 수 있을 거야. 화석 연료를 덜 사용하니 환경오염도, 식량난도 해결할 수 있지.

"정말 밝은 미래가 보이네요. 합성 생물학의 위험은 없어요?"

합성 생물학이 매우 위험한 것도 사실이야. 가장 위험한 미래는 합성 생물학의 기술이 테러리스트의 손에 들어가는 거야. 테러리스트들이 유전자 기술을 이용해 치사율이 90%나 되는 에볼라 바이러스를 만들면 어떻게 될까? 아니면 특정 인종에만 있는 유전자를 발견해 크리스퍼-캐스9으로 그 인종만 죽일 수 있는 무기를 만들면?

"생각만 해도 무서워요!"

또 유전자 기술을 이용하면 집에서도 쉽게 의약품을 만들 수 있어. 그래서 벌어지는 문제가 있는데, 바로 마약이야. 실제로 과학자들은 효모의 생체 내에서 모르핀을 만드는 데 성공했어. 그렇다면 가정집에서 효모로 마약을 쉽게 제조할 수도 있는 거지.

"합성 생물학은 양날의 검 같아요. 굉장히 필요하고, 굉장히 위험하네요."

그래서 반드시 교육이 필요해. 합성 생물학의 유익함과 위험성을 이해하고, 잠재적 위험을 예방할 안전장치를 확실히 마련해야 해.

내 마음대로 바꾸어도 될까?

미국에서 핵폭탄을 처음 만들 때, 많은 논란이 있었어. 핵폭탄 제조에 반대하는 사람들은 이런 무기를 만들었다간 인류가 종말할지도 모른다고 말했어. 하지만 찬성하는 사람들은 핵폭탄이 길고 끔찍한 세계 2차 대전을 한 번에 끝내줄 것이라 말했지. 실제로 핵폭탄은 일본의 나가사키와 히로시마에 떨어졌고, 예상대로 엄청난 위력을 보였어. 핵폭단이 떨어진 후 전쟁은 바로 종료되었지만, 핵폭탄의 위력을 실감한 강대국은 핵폭탄을 마구 만들기 시작했어. 다시 핵폭탄이 실전에 사용되지는 않았지만, 그 어마어마하고 끔찍한 위력 때문에 어떻게 사용할지에 관한 논의는 지금도 계속되고 있어.

크리스퍼-캐스9의 연구로 노벨상을 받은 제니퍼 다우드나도 핵폭탄을 만들었던 과학자들처럼 크리스퍼의 위험성을 걱정했어. 핵폭탄으로 많은 사람이 죽었다는 걸 아는 제니퍼 다우드나는 유전자 가위가 사용되기 전에 경고의 목소리를 내고 싶었을 거야.

잠깐 다른 사례를 살펴보자. 앞에서 배웠던, 제한효소를 이용한 유전자재조합 기억나니? 유전자를 자르는 가위인 제한효소로 다른 종의 유전자를 잘라서 대장균에 넣는 기술 말이야. 현재는 이 재조합 방식으로 인슐린을 생산해서 당뇨병을 치료하고 있지만, 초기인 1970년대에는 문제가 조금 있었어.

1972년 폴 버그(Paul Berg)는 생쥐를 이용해 시미안 바이러스라는 바이러스의 DNA를 재조합하는 실험을 하고 있었어. 그러다 시미안 바이러스가 생쥐에게 종양 발생을 유발한다는 사실이 밝혀지자 실험을 즉시 중단했어. 재조합 생물의 혹시 모를 유출이 걱정된 거야. 이 재조합된 생물이 유출되면 인간의 몸에 감염될 수도 있으니까. 이후 폴 버그는 과학자들에게 유전자재조합 생물의 위험성을 적극적으로 알리기 시작했어. 당시 사람들은 유전자재조합 기술의 필요성을 알지도 못했고, 전문가들을 제외하면 이해하지도 못했지만 경고를 한 거야. 폴 버그는 훌륭한 일을 한 것이지만, 이때 생긴 인식이 아직까지 남은 사람들은 유전자재조합 식품에 거부감을 보이기도 해.

다우드나도 폴 버그처럼 크리스퍼 유전자 가위가 위험을 퍼뜨릴까 걱정했어. 더군다나 크리스퍼-캐스9이 발표되면 세계의 연구실에서 유전자를 편집하고, 곧 인간의 배아 세포를 편집할 텐데, 유전자 편집으로 사람이 태어난다는 건 대중에게 핵폭탄과 같은 충격일지도 몰랐지.

그래서 다우드나는 크리스퍼의 영향력을 알리려고 많은 노력을 했어. 2015년 『사이언스』에 과학자들과 공동으로 「유전공학과 생식세포 유전자 변형을 향한 신중한 방향」이란 논문을 발표하기도 했고, 유전자 편집 기술의 위험과 혜택을 알릴 수 있는 국제회의를 조직하자고 주장했지. 또 인간 게놈에 유전될 수 있는 실험을 중단하자고도 했어. 수많은 과학자가 다우드나의 의견에 동의했어. 덕분에 『네이처』에 생식세포 편집을 하지 말자는 글이 실렸고, 많은 대중이 관심을 보였지.

인간의 배아를 편집하다

하지만 얼마 지나지 않아 다우드나가 우려했던 일이 벌어졌어. 다우드나가 동료 과학자들에게 인간 생식세포를 편집하지 말자고 요청하고 겨우 한 달 뒤 중국의 황쥔주(Junjiu Huang) 연구 팀이 인간의 배아를 편집한 논문이 나온 거야.

다행히 이 연구는 태어날 수 없는 배아를 이용했어. 인간의 세

포는 2개의 염색체 조가 있는 2배체 세포인데 실험에는 3배체 세포를 사용한 거야. 난자 하나에 정자를 두 개 넣은 세포가 3배체 세포인데, 이런 3배체 수정란은 시험관 내에서는 배반포(수정란이 자궁에 착상하기 전 단계)를 생성할 수 있지만, 생체 내에서 정상적으로 발달하지 못하므로 인간 배아 연구에 적합하지. 윤리적 문제를 의식하고 이렇게 실험한 거야.

"크리스퍼-캐스9을 사용하여 어떤 유전자 편집을 했나요?"

연구 팀은 내인성 글로빈 유전자(HBB)를 편집했어. 이 유전자는 헤모글로빈을 구성하는 단백질의 일부를 암호화해. HBB 유전자에 결함이 있는 사람은 베타 지중해성 빈혈이라는 질병에 걸려. 이 병은 혈색소 수치가 매우 낮아져 정기적으로 수혈을 받아야 해. 그렇지 않으면 성장이 지연되고 간부전, 갑상선 저하증, 울혈성 심부전 등으로 20살 즈음에 사망할 확률이 높아.

연구 팀은 배아 상태에서 이 유전자의 결함을 수리하고자 했어. 태어나기 전부터 유전자를 편집하는 거지. 물론 여기에는 크리스퍼-캐스9이 이용되었어. 돌연변이 유전자를 자르고 상동염색체에 의해 다시 정상 복구되는 메커니즘을 이용한 거야.

"반드시 연구되어야 할 질병이었군요!"

문제는 이 실험은 실험이지, 치료가 아니었다는 점이야. 질병에 걸린 사람을 유전자 편집으로 치료한다면 거부감이 들지 않겠지

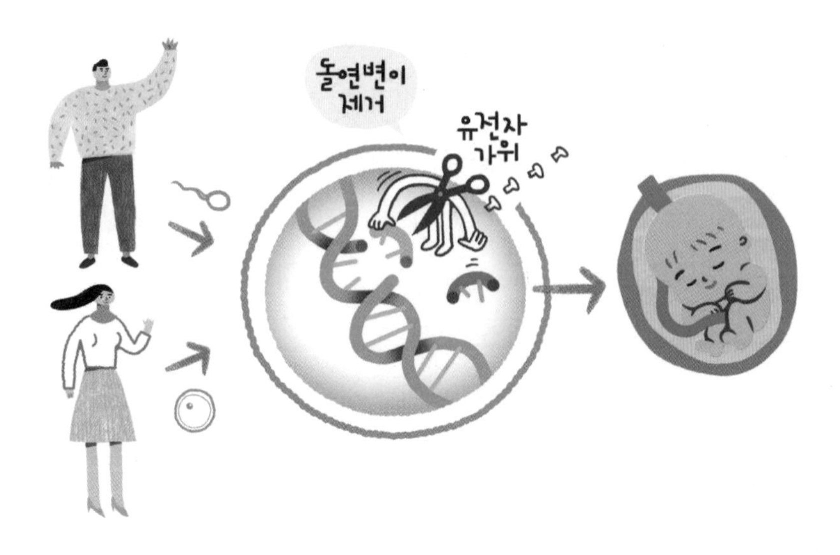

태어나기 전에 유전자 가위로 돌연변이를 제거한 아기

만, 아예 배아 상태, 그러니까 일어나지도 않을 일을 막기 위해 유전자를 편집해서 이 병을 가지고 있는 아이가 태어나지 않게 했다는 점이 문제가 됐지.

실험의 정확도도 낮았어. 실제로 연구 팀의 결과를 들여다보면 유전자 편집이 제대로 된 세포는 5%밖에 되지 않았어. 성공률이 낮았지. 크리스퍼-캐스9이 돌연변이 유전자를 제대로 잘랐지만, 상동염색체 복제가 제대로 이루어지지 않은 경우도 있었고, 각자 잘린 유전자가 뒤섞이거나 돌연변이 유전자가 아닌 엉뚱한 유전자를 자른 경우도 있었어. 연구 팀이 정확히 모르는 유전자 편집

도 일어났기 때문에 이 아이가 태어난다면 편집된 유전자에 의해 더 고통 받을 수도 있었어. 이것이 인간의 배아 세포에 크리스퍼-캐스9 기술을 적용하기에 앞서 더 정확도를 높이고, 많은 실험이 이루어져야 하는 이유야.

"이 연구가 발표되고 사람들의 반응은 어땠나요?"

좋진 않았어. 인간의 배아 세포를 편집할 수 있음을 확인했지만 더 나아가서는 안 된다는 반응이 많았지. 막지 않으면 세계 각국 연구 팀은 크리스퍼-캐스9으로 생식세포를 편집하려고 할 것이고, 이를 대리모에 착상해서 출산까지 하려고 할 것이 뻔했어. 편집된 유전자가 정말 발현되는지 알아보려고 말이야.

많은 과학자가 중국이 윤리적 경계를 넘어선 것에 우려를 표했어. 『네이처』와 『사이언스』는 이 같은 이유로 해당 논문 게재를 거부했지. 미국의 유전자 및 세포치료협회에서도 유전자 변형으로 살아 있는 사람을 생성하는 일에 강력하게 반대했어. 국제줄기세포연구학회는 인간 배아 세포를 편집하는 모든 행위를 중단해야 한다고 말했고, 미국국립보건원장도 유전자 편집 관련 실험에는 정부 연구 자금을 지원하지 않겠다는 의견을 말했어. 군에서는 생물학적 무기가 될 수도 있다고 경고했지.

하지만 모두 반대만 한 것은 아니야. 중국 연구 팀은 엄격한 윤

윤리와 기술 사이 과학자의 고민

리 기준을 따르고 현행 규정을 완벽히 지켰다고 주장해. 다른 나라의 유전자 편집 연구와 규정도 같다고 했지.

황쥔주의 논문을 실었던 『프로틴 앤드 셀』에서는 인간 배아 세포를 연구하는 것이 인간의 도덕적 의무라고 했어. 치료할 수 있는 유전적 결함을 없애서 질병의 고통에서 해방시키고 생명을 구하는 일이라고 했지. 힝스턴 그룹은 유전자 편집 기술이 인간의 건강에 도움이 되므로 계속 연구되어야 한다고 했고, 2015년 런던의 프랜시스 크릭 연구소의 캐시 나이아칸(Kathy Niakan) 연구원

이 인간 배아 유전자 편집 연구를 승인해 달라고 요청했어.

여러분은 어떻게 생각해? 인간의 건강과 생명을 위해 배아 세포를 편집해야 할까? 아니면 악용을 우려해 인간의 배아 세포는 절대로 건드리면 안 될까?

특정 유전 질병을 앓는 사람들은 당연히 배아 세포의 유전자 편집을 원할 거야. 하지만 인종차별 등 끔찍한 결과를 낳았던 우생학의 경험자들은 우려를 표하겠지.

아직 섣불리 대답하기 어려워. 인간 배아 세포 유전자 편집에 관한 논란은 계속될 거야.

4장

유전자 쇼핑, 계속해도 될까?

T
G
C
A

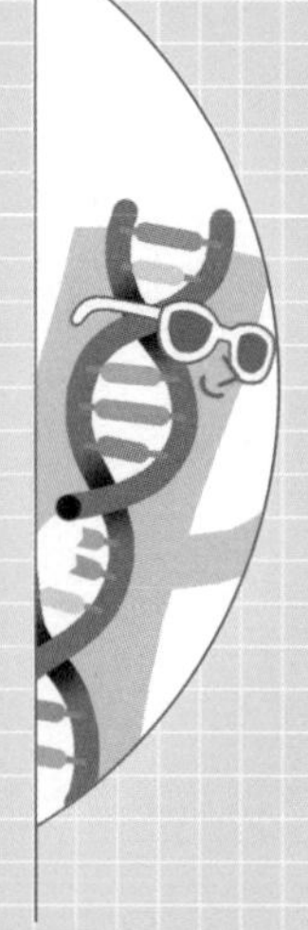

유전자 가위의 발달

2012년 발표된 크리스퍼-캐스9은 정확도로 따지면 아주 좋은 유전자 가위야. 그런데 크리스퍼-캐스9이 나온 지 10년이 흘렀으니 유전자 가위는 더 발달하지 않았을까?

1세대 유전자 가위는 징크 핑거 뉴클레이스였고, 2세대는 탈렌, 3세대는 우리가 아는 크리스퍼-캐스9이야. 2019년에는 4세대 유전자 가위라고 불리는 프라임 에디터(Prime Editor)가 『네이처』에 발표됐어.

"프라임 에디터는 크리스퍼-캐스9과 많이 다른가요?"

원리는 비슷해. 크리스퍼-캐스9은 가이드 RNA(gRNA)와 캐스9으로 이루어져 있다고 했어. gRNA는 우리가 편집하고자 하는 유전자의 위치를 정확히 찾고, 캐스9 단백질로 DNA를 절단하지. 유전자를 잘라 제거하면 다른 상동염색체를 따라 유전자가 다시 복구되는 원리를 이용했다고 했어. 다시 말해 크리스퍼-캐스9은 정확도가 높은 지우개라고 할 수 있어.

하지만 4세대 유전자 가위 프라임 에디터는 기능이 더 향상되었어. 에디터라는 이름처럼 편집 기능이 추가되었지.

한글 편집기처럼 틀린 곳을 찾아 지우고, 맞는 글자를 새겨 넣는 거야. 거의 완벽할 것 같은 유전자 가위지만 아직 불안정한 부분이 많아. 그래서 크리스퍼-캐스9과 보완하면서 기술을 개발하고 있어.

"프라임 에디터는 기존 유전자 가위보다 어떤 점이 좋아요?"

프라임 에디터는 이론상으로 불가능한 일이 없다는 점을 보여주었어. 크리스퍼-캐스9으로 할 수 없는 일도 프라임 에디터로는 가능해. 글자를 예로 들어볼까? '에어컨디셔너'를 줄여 말하면 '에어컨'이 되지? 그래도 의미는 같아. 하지만 '냉장고'가 '냉고'가 되면 전혀 다른 의미가 되지? 기존의 크리스퍼-캐스9으로 유전자를 잘라 '냉고'를 만들면 상동염색체에 있는 또 다른 유전자인 '냉장고'를 보고 유전자 스스로 글자를 수정했지. 하지만 상동염색체 모두 '냉고'라면 어떨까? 그런 경우라면 크리스퍼-캐스9으로는 편집할 수 없을 거야. 하지만 프라임 에디터는 가능해. 역전사효

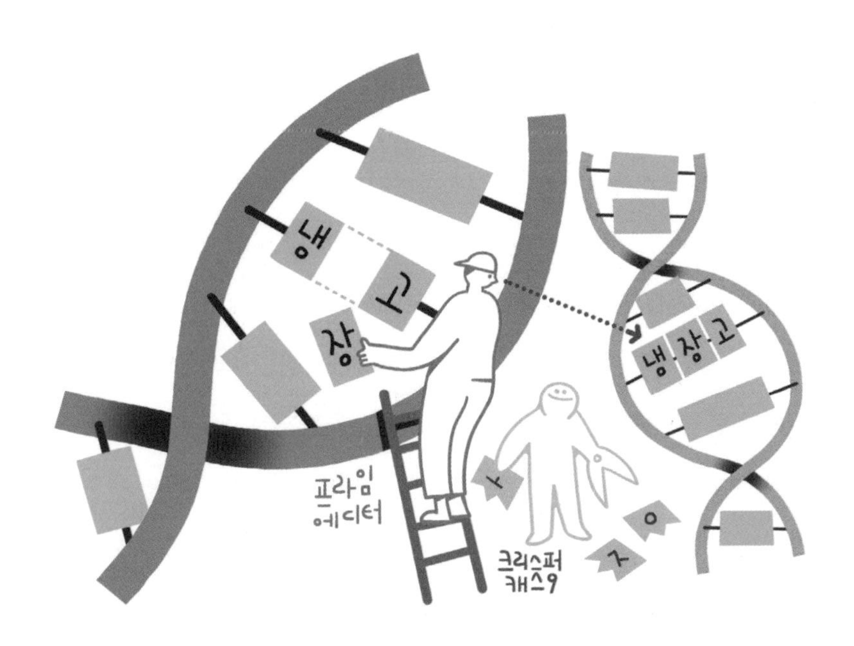

유전자를 고치는 크리스퍼-캐스9과 프라임 에디터

소로, 그러니까 RNA를 제공해서 부족한 DNA를 채워 넣는 거지. '장'이라는 글자를 넣어서 '냉장고'라는 온전한 글자를 만들 수 있어.

흔히 치매를 일으키는 알츠하이머병은 고령화사회에서 많이 발생하는 괴로운 질병이야. 언어 기능이나 인지능력이 점차 사라지면서 결국 모든 일상에 영향을 주는 이 병은 환자는 물론이고 돌보는 가족까지 힘들게 해.

알츠하이머병은 여러 가지 이유로 발생하지만 뇌에 있는 단백질인 베타 아밀로이드와 관련이 있어. 베타 아밀로이드는 건강한 사람의 뇌에서 분해되는데, 알츠하이머병 환자의 뇌에서는 유전적 문제로 과도하게 분비되는 것을 볼 수 있어. 바꿔 말하면 유전적 요인이 매우 크다는 거야. 실제로 21번 염색체에 위치한 아밀로이드 전구 단백질 유전자, 14번 염색체에 있는 프리세닐린1 유전자, 1번 염색체에 위치한 프리세닐린2 유전자에 돌연변이가 있으면 알츠하이머병이 발병할 확률이 높았어. 부모님이 알츠하이머병에 걸렸다면, 나도 알츠하이머병 유전자를 받았을 가능성이 높아. 병이 언제 발병할까 걱정하면서 힘든 나날을 보내야 하겠지.

"선생님, 프라임 에디터라면 이를 고칠 수 있겠어요."

그렇단다. 곧 DNA를 수정할 수 있는 프라임 에디터가 알츠하이머병을 치료할 거야. 잘못된 유전자를 직접 수리할 수 있으니까 말이야. 유전병을 치료할 시대가 머지않았어.

또 다른 계급사회가 올까?

1998년에 개봉한 〈가타카(GATTACA)〉라는 영화를 소개할게. 이 영화의 배경은 가까운 미래야. 우리가 앞에서 걱정했던 맞춤 아기 시대를 다루지. 이 영화 속 사람들은 자연적으로 임신을 할 수도 있고, 병원에서 수정란을 편집할 수도 있어. 이때 앞에서 논의되었던 질병들의 유전자를 제거하기도 하겠지. 심장병 확률도 낮추고, 근시 유전자도 없애고 말이야. 그렇게 맞춤 아기는 열성 인자 없이 완벽한 유전자를 가지고 태어날 거야.

영화 〈가타카〉의 주인공 제롬은 자연적으로 태어난 아이였어. 제롬의 동생은 맞춤 아기였지. 제롬은 어려서부터 안경을 썼고, 동생은 쓰지 않았어. 동생은 제롬의 키를 순식간에 역전해. 또 제

유전자로 계급이 나뉜다면?

롬은 수영 시합에서 아무리 동생을 이기려고 해도 이길 수 없었어.

제롬은 집을 나와. 우주비행사가 되려고 마음먹었는데 노력을 해도 관련 회사에 들어갈 수 없었어. 유전자 때문이었지. 유망하고 좋은 회사에서는 유전자를 보고 직원을 뽑았는데 자연적으로 태어난 제롬은 유전자 편집으로 태어난 다른 사람들에 비해 유전적으로 뒤떨어졌던 거야.

"그건 차별 아니에요?"

영화에서도 그런 내용이 나와. 영화 속 인물들은 악수를 할 때 세포를 얻어 몰래 유전자를 검사하기도 하고, 음료수를 마시고 난 찻잔에서 세포를 얻기도 해. 결국 제롬은 우주비행 회사 '가타카'의 청소부가 돼. 유전자로 계급이 나뉘어 직장까지 결정되는 사회가 온 거지.

"말도 안 된다고 말하고 싶지만, 유전자 편집에 관해 배우고 나니 불가능한 일은 아닌 것 같아요."

지금은 인간의 배아 유전자 편집을 철저히 통제하고 있지만, 질병에 대한 사용 허가가 난다면 어떨까? 물론 과학자들은 낫모양

적혈구빈혈증, 지중해성 빈혈, 헌팅턴병 등 유전 질환에 먼저 유전자 기술을 사용할 거야. 하지만 근위축증을 걱정해서 근육 퇴화를 막는 유전자를 미리 제거하진 않을까? 돈 많은 부자들이 자녀들의 키 유전자를 몰래 편집하면 어떨까? 자식을 위해 뭐든지 해주는 부모들은 분명히 좋은 유전자를 자식에게 만들어 주고 싶을 거야. 그것이 불법이라도 말이야.

인간의 질병을 위해 유전자를 편집하는 시대가 오더라도 영화처럼 계급화되는 사회는 안 왔으면 좋겠어.

"선생님, 영화의 결론은 어때요? 영화에서 말하고 싶은 것은 무엇이었어요?"

제롬은 다른 사람의 혈액과 오줌을 빌려서 가타카 회사에 들어가. 결국 최고 우수 사원으로 뽑혀서 토성에 가게 되지. 영화에서 말하고 싶은 것은 인간의 잠재력은 유전자로만 결정되는 것이 아니라는 거야. 영화는 유전자 속에 숨겨진 잠재 능력과 열정이 성공의 열쇠라고 말해.

마지막으로 문제를 낼게. 가타카라는 영화 제목에서 뭔가 보이지 않아?

"이미 알아챘어요. GATTACA는 염기의 구아닌, 아데니, 타이민, 사이토신을 조합한 것이죠?"

맞아. 제롬이 들어간 회사의 이름인데, 유전자를 절묘하게 엮어서 미래의 사회를 표현했지. 과연 이런 세상이 올까? 사람들이 이렇게 잔인해질 수 있을까? 그런데 이런 일은 실제로 많이 있었어.

우생학

우생학은 사회적 실패자들을 제거하자는 학문이야. 정신이상자를 거세하여 자손을 남기지 못하게 하는 거지. 이 시대 사람은 이것을 과학적이라고 생각했어.

"선생님 설마! 강제로 거세하는 그런 일이 있었다고요? 중세 시대에요?"

놀랍게도 사실이고, 이런 일은 1930년대에도 일어났어. 우생학을 배우기 전에 먼저 다윈의 자연선택설을 간단히 배워볼게.

찰스 다윈(Charles Darwin)은 박물학자로 범선 비글호에 탔어. 세계를 항해하고 탐사했지. 우리가 중학교 1학년 교과서에서 배웠던 진화론으로 생명 다양성을 설명한 그 다윈이 맞아. 다윈은 남아메리카에서 1,000km 떨어진 갈라파고스 군도에서 핀치새, 갈라파고스 거북 등 생물을 보고 생명의 진화를 깨닫고 종의 기원이라는, 자연선택에 의한 진화론을 발표해.

핀치새를 예로 들어볼게. 갈라파고스 군도에는 여러 종류의 핀치새가 있었는데 부리 모양이 조금씩 달랐어. 부리 모양이 다른 것은 개체변이라고 해. 사람의 키가 각각 다른 것처럼 핀치새의

딱딱한 열매를 먹는 부리가 두꺼운 핀치새와 벌레를 잡아먹는 부리가 가늘고 뾰족한 핀치새

부리 모양도 조금씩 달랐어. 왜 그럴까 살펴보니 갈라파고스 군도의 섬마다 핀치새의 먹이가 조금씩 달랐어. 어떤 핀치새는 두꺼운 부리를 가지고 있었어. 딱딱한 열매를 먹기에 적절했지. 예를 들어 먹이가 호두라고 생각해 보자. 부리가 두꺼울수록 호두를 까먹기 편했을 거야. 그림의 오른쪽 핀치새처럼 부리가 얇고 뾰족하면 호두는 먹지 못할 거야.

그래서 딱딱한 열매가 주로 있었던 섬은 부리가 두꺼운 핀치새만 살아남았고, 벌레가 주로 있던 섬에는 부리가 뾰족해서 나무를

쪼아 구멍을 잘 뚫는 핀치새만 살아남았어. 이렇게 섬마다 부리 모양이 다른 핀치새가 생겨났던 거야. 다윈은 이렇게 진화가 일어나며 생물 종이 점차 늘어난다고 했어.

"선생님, 진화론과 우생학이 관련이 있나요?"

우생학(Eugenics)은 1883년 찰스 다윈의 고종사촌 프랜시스 골턴(Frances Galton)이 만들었어. 우생학은 좋은 출생을 연구한 학문이란 뜻이야. 우생학을 주장한 사람들은 다윈의 자연 선택설을 예로 들어. 부적격한 사람들이 사회의 지원을 받아 살아가고, 이들끼리 결혼해서 자식을 낳으므로 계속 부적격한 사람들이 나온다는 거야. 그래서 이런 사람들을 놔두면 인류는 다윈의 자연선택설처럼 계속 퇴화한다고 말했지. 우생학자들은 부적격자들이 자식을 낳지 못하도록 강제로 거세해야 한다고 했어. 우수한 사람들만이 자식을 낳아야 인간이 우수한 쪽으로 진화한다고 했지.

"말도 안 돼요! 일부 국가에서만 있었던 일이죠?"

독일에서는 전쟁으로 우생학의 영향력이 커졌어. 몇몇 사람들은 전쟁에 나간 남성들은 죽는데 알코올의존자, 장애인, 정신이상자들은 오히려 전쟁에 나가지 못하니 살아남아 자식을 낳는다는 주장을 했지. 이들은 사회의 예산을 갉아먹는 부적격자를 강제로 거세해야 한다는 법을 통과시켰어. 이 법으로 세계 2차 대전 즈음에 무려 30만 명이 거세당했다고 해. 이는 나치 정권이 정신병 환

자를 살해하는 빌미를 주었고, 아무 상관없는 유대인 학살로 이어지게 되었어.

미국도 다르지 않았어. 1931년 30개 주에서 거세법을 통과시켜 부적격한 사람들을 강제로 거세했지. 흑인 등 유색인종 사람을 특별한 이유도 없이 거세했어. 미국뿐만 아니라 캐나다, 노르웨이, 스웨덴, 덴마크, 핀란드 등 많은 나라가 거세법을 만들었어.

"이런 어처구니없는 일이 100년 전에 일어났다니, 믿을 수 없어요."

자, 이제 다시 크리스퍼-캐스9으로 돌아오자. 유전자 편집으로 태어날 아이의 지능을 높이고, 근력을 강화하면 어떨까? 우수한 유전자를 편집했기에 그 아이가 낳은 자식도 지능이 높고, 근력이 세겠지? 이 사람들은 계속 사회 상류층일 거야. 돈이 있어야 유전자 편집도 가능하기 때문이지. 이들에게 열성유전자를 가진 하류층 사람들이 어떻게 보일까? 도와줘야 하는 사람들로 보일까?

이런 이유로 인간의 배아 세포를 편집하는 것을 원천적으로 금지해야 할까? 깊이 생각해 봐야 할 문제야.

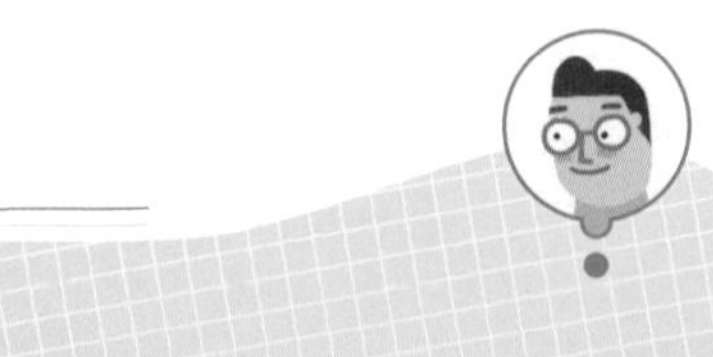

인간 복제와 생명 연장의 꿈

최초로 복제된 포유동물은 양이야. 1996년 복제 양 돌리가 태어나. 그전에도 박쥐를 복제하긴 했지만, 그때는 수정란을 이용했어. 돌리는 체세포를 이용하여 만든 최초의 복제 포유동물이 되었지.

"체세포로 복제하는 것이 중요한가요?"

앞에서 혈액 줄기세포인 조혈모세포에 관해 배웠지? 조혈모세포는 다양한 혈구로 분화할 수 있어. 줄기세포도 우리 몸의 다양한 기능을 하는 세포로 분화할 수 있는 세포야. 하지만 이미 분화가 끝난 세포는 다른 세포로 변할 수 없어. 예를 들면 피부세포가 갑자기 신경세포로 변할 수 없다는 거야. 체세포는 이미 분화가

끝났기에 체세포를 이용하여 복제 동물을 만드는 것은 어려운 일이지. 기존에 초기 배아 세포를 사용한 것은 분화하는 과정에 있던 세포이기에 생물로 발생할 가능성이 높아서야.

일반적으로 정자와 난자가 만나서 수정란을 만들고 이 수정란이 세포분열을 해서 하나의 개체가 만들어져. 그렇다면 양의 피부 세포 속 핵만 뽑아서 핵을 제거한 수정란에 이식하면 어떨까? 이론상으로 같은 염색체를 갖게 되니까 쌍둥이처럼 똑같은 개체가 태어나지 않을까?

복제 양 돌리를 만든 과정을 살펴보자. 먼저 양 A의 젖샘 세포를 채취해. 물론 젖샘 세포는 분화가 끝난 체세포야. 그리고 양 B에게 난자를 채취해서 핵을 제거해. 핵 없이 세포질만 있는 난자가 되겠지. 이 난자에 양 A에게서 채취한 젖샘 세포의 핵을 이식해. 46개의 염색체가 들어가겠지? 그리고 적절한 전기 자극으로 핵이식에 성공한 세포를 양 C에 착상(임신)시켜 어린 양 돌리가 태어났어. 그럼 돌리는 어떤 양과 쌍둥이처럼 유전자가 같은 것일까?

"유전자를 준 양 A이죠."

정답이야. 그렇게 포유동물 복제에 성공한 거야. 하지만 쉬운 과정은 아니었어. 무려 276번의 실패 후 277번째에서 성공했거든.

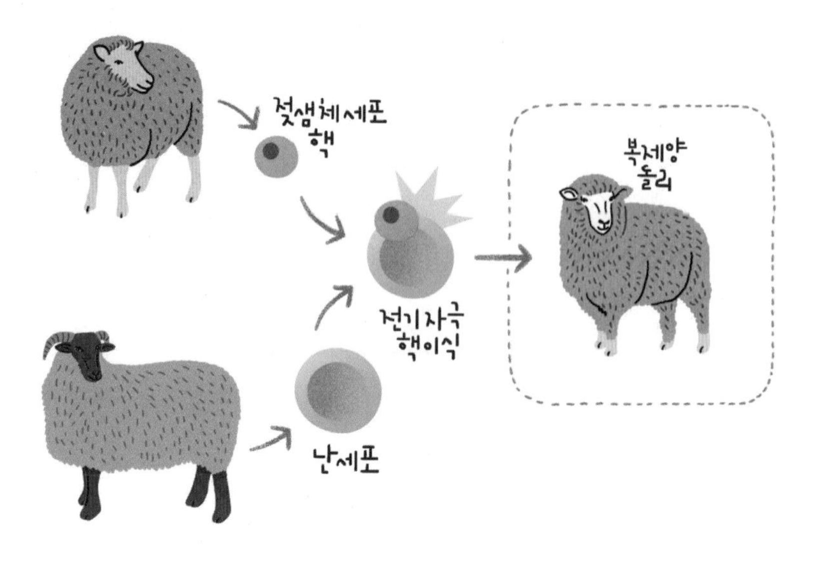

돌리가 태어난 과정

그만큼 체세포를 이용해 포유동물을 복제하는 것은 쉽지 않아.

이후 과학자들은 포유동물을 복제하기 시작했어. 2001년에는 고양이부터 토끼, 돼지, 소 그리고 말까지 복제에 성공했단다. 하지만 개는 쉽지 않았어. 개는 다른 동물보다 배란된 난자가 성숙되어 있지 않아서 성숙한 난자를 구하기 쉽지 않았거든. 서울대학교의 한 연구 팀이 2005년 최초의 복제 개 '스너피(Snuppy)'를 탄생시켰어. 서울대(SNU)와 강아지(Puppy)를 합쳐서 만든 이름이야.

유전자는 3살 아프간하운드 수컷에게서 가져왔어. 1,095개의 복제 수정란을 만들고 123마리의 대리모에 이식했는데 겨우 2마

리만 태어났어. 그중 한 마리는 태어나고 몇 주 후에 죽어 스너피가 유일한 복제 개가 되었지. 1,095개의 수정란에서 2마리가 태어났으니 0.18%의 성공률로 매우 어려운 일이라는 것을 알 수 있어. 복제 개 스너피는 2015년 5월에 10살의 나이로 죽었다고 해.

"복제 동물은 왜 만드나요?"

동물의 멸종을 막겠다는 이유가 있어. 중국의 동물 유전자 기술 전문 기업 시노진바이오테크놀로지(Sinogene Biotechnology)는 2022년 세계 최초로 북극 늑대를 복제했어. 복제 배아 137개 중 85개를 개에게 착상시켜 1마리가 태어난 거야. 이렇게 태어난 북극 늑대 이름은 '마야'야. 멸종 위기의 북극 늑대를 보존하기 위해서 이런 연구가 이루어진 거야.

반려동물 복제도 많이 이루어져. 애완동물이라고 불렸던 반려동물은 이제 말 그대로 가족과 같은 동물이지. 2020년 인구 주택 총 조사에 따르면 우리나라 전체 가구 중 15%가 반려동물을 키운다고 해. 세계적으로 많은 사람이 반려견, 반려묘와 함께 사는데 개와 고양이는 사람에 비해 수명이 매우 짧아. 그래서 사람들은 자신의 반려동물을 복제하기 시작했어.

이에 발맞춰 2015년 미국의 비아젠이란 회사는 반려동물 복제 서비스를 시작했어. 비용은 고양이 복제에 3만 5,000달러, 개 복제에 5만 달러야. 1달러를 우리 돈 1,300원으로 계산하면 우리나라 돈으로 고양이는 무려 4,550만 원, 개는 6,500만 원이야. 비용이 비싼데도 사랑하는 반려동물을 복제하려는 사람들은 점차 많아지고 있어. 비아젠 회사는 정확한 숫자를 밝히지 않지만 이미 반려동물 수백 마리를 복제했고, 지금도 매주 반려동물을 복제한다고 해. 우리나라에서도 반려동물 복제 사업을 하려는 회사가 있을 정도야.

하지만 반려동물 복제에 관한 사람들의 의견은 갈려. 찬성 의견은 가족과 같은 반려동물과 영원히 같이 살 수 있다는 이유야. 가족을 잃은 고통스러운 삶을 위로받기에 그보다 더 나은 이유를 찾을 수 없다는 거지. 반대 의견은 반려동물 복제 회사의 슬픔을 이용한 장사를 문제로 지목하고 있어. 유전자는 같을지언정 반려동물이 커가면서 성격 형성이나 행동이 달라질 수 있다고 해. 같은 반려동물이 아니라는 거지. 차라리 주인을 찾지 못해 안락사 되는 유기견, 유기묘들을 입양한다면 생명을 더 살릴 수 있다는 이유에서 반대하고 있어.

"그런데 복제된 동물의 건강은 문제 없나요?"

좋은 질문이야. 복제양 돌리의 수명은 평균 양의 수명보다 짧았어. 우연히 일찍 죽은 것이 아니야. 이유가 있었어. 바로 텔로미어 때문이었지. 텔로미어는 염색체 끝부분에 있는 DNA야. 이 텔로

미어는 수명과 관련이 있어. 이제 텔로미어에 관해서 배워 보자.

수명 연장의 꿈, 텔로미어

세포는 분열할 때, 우리 몸의 모든 DNA를 똑같이 복제한다고 했지? 하지만 이 말에는 문제가 있어. 기술적으로 모든 DNA를 복제하는 것은 불가능해. 돌연변이 때문이 아니라 효소의 문제야. 이건 조금 어려운 이야기지만 최대한 쉽게 설명해 볼게. DNA는 방향성을 가지고 있어.

ACCTGT라는 여섯 개의 염기는 뒤에서부터 읽으면 TGTCCA가 돼. 유전자에서 이건 매우 중요한 문제야. 앞 장에서 배웠던 번역이 기억나니?

"기억나요. DNA가 달라지면 RNA도 달라지고, 지정되는 아미노산도 완전히 달라져요."

그렇단다. 염기가 하나만 바뀌어도 낫 모양 적혈구 때처럼 완전히 다른 결과를 얻을 수 있어. 이 방향성은 DNA의 연결 때문에 생겨. DNA는 인산-당-염기로 이루어진 기본 단위 뉴클레오타이드가 연결되어 기다란 사슬을 만들고, 두 개의 사슬이 결합해 이중나선을 만든다고 했지? DNA가 긴 사슬을 만들 때, 한 뉴

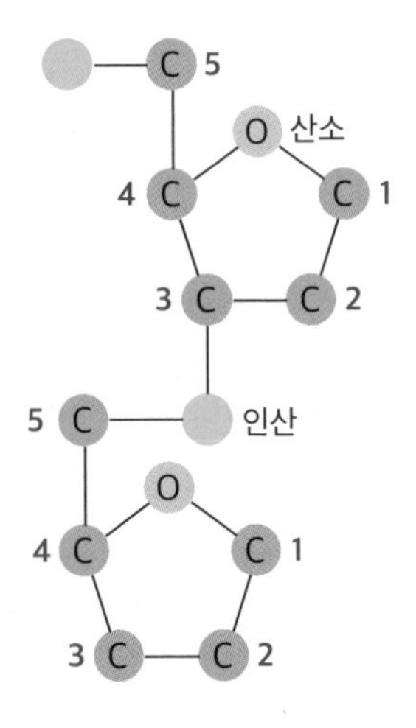

당-인산 결합

클레오타이드의 인산과 다른 뉴클레오타이드의 당이 연결돼. 이 당에는 번호가 부여되어 있는데, 디옥시리보스는 탄소원자 5개가 붙은 오탄당이야. 각 탄소에는 1부터 5까지 번호가 있어. DNA의 방향성은 이 탄소의 번호로 말하는데 5→3방향으로만 연결이 이루어지므로 5→3방향으로 염기를 읽어야 해.

"왜 연결의 방향이 정해져 있나요?"

에너지 때문이라고 생각하면 될 거야. 인산 부분에 많은 에너지가 있어서 그 부분에서 결합이 자연스럽게 이루어져. 반대 부분에는 에너지가 없어서 뉴클레오타이드를 연결할 수 없어.

여기서 문제가 생겨. DNA를 복제하는 효소는 DNA 중합 효소라고 해. DNA 중합 효소는 DNA 사슬에 붙어 DNA를 복제해. 이 효소는 프라이머(RNA로 이루어진 짧은 가닥)가 있어야 DNA 사슬에 결합해서 복제를 이어갈 수 있어. 그런데 복제가 끝나면 프라이머는 어떻게 될까? 프라이머는 DNA로 교체할 수 없어. 아까 말했던 방향성 때문이야. 프라이머는 DNA 복제가 끝나면 제거되는데, 마지막 프라이머가 제거된 자리에는 DNA가 달라붙지 못해. 5번 탄소가 붙을 수 있는 3번 탄소 자리가 아니거든. 그래서 DNA는 복제를 한 번 할 때마다 DNA가 점점 짧아져. 여기에 아주 중요한 유전자라도 있다면 큰 문제가 발생하지.

이런 문제 때문인지. DNA의 끝에는 텔로미어(Telomeres)라는

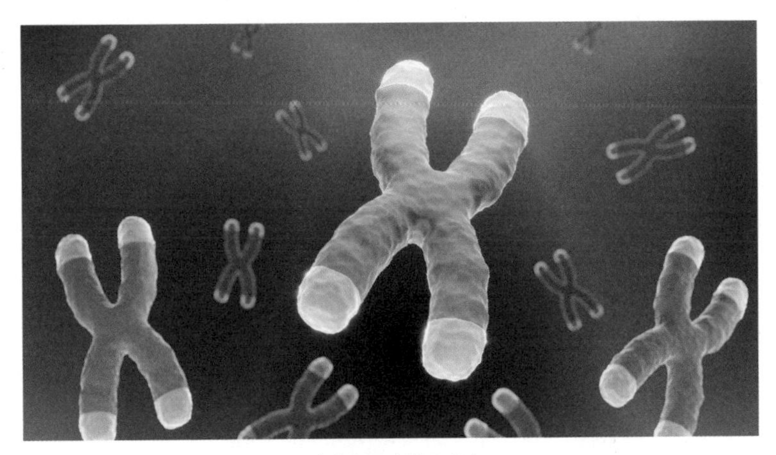

염색체 끝의 텔로미어

서열이 있어. 텔로미어는 짧은 반복 서열로 이뤄져 있는데, 인간의 텔로미어는 TTAGGG가 100~1,000번 정도 반복되어 있어. 이 텔로미어는 세포분열 시 손상되는 DNA의 완충 지역이야. 무의미한 서열을 반복함으로써 짧아져도 문제가 없지.

"결국 모든 텔로미어가 소모되면 어떻게 되나요?"

세포가 죽는 거지. 우리가 예상한 대로 나이가 많은 사람은 염색체의 텔로미어가 짧았어. 그래서 과학자들은 텔로미어가 생물 전체의 노화와 관련이 있을 거라 생각하지.

복제 양 돌리는 6살 양의 체세포를 이용해서 만들었어. 돌리의 텔로미어는 6살 양과 같았던 거지. 즉, 태어나자마자 6살이었던 거야. 그래서 일반적인 양만큼 살지 못하고 일찍 죽게 된 거야.

6살로 태어난 복제 양 돌리

"텔로미어가 줄어드는 것을 막을 수 없나요?"

먼저 텔로미어가 어떻게 짧아지는지 알아보자. 자식을 낳으면 텔로미어가 짧아질까? 생식세포를 만드는 세포도 분열해야 하니까 텔로미어가 당연히 줄어들어야 해. 그렇다면 자식은 30세의 텔로미어를 가지고 태어날 지도 몰라. 하지만 이런 걱정은 하지 않아도 돼. 텔로미레이스(Telomerase)라는 효소가 있어. 이 효소는 텔로미어를 길게 만들어. 그래서 생식세포의 텔로미어 길이를 유지할 수 있는 거야. 체세포 속 텔로미레이스는 억제되어 있어. 아마 종양 세포 때문일 거야. 종양 세포는 세포분열이 멈추지 않는 병

을 일으킨다고 했지? 텔로미어를 모두 사용하면 세포가 저절로 죽기에, 암을 일으키는 종양 세포도 몸속에서 죽을 수 있는 거지. 실제로 종양 세포는 짧은 텔로미어를 가지고 있었어.

하지만 멈추지 않고 악성으로 변하는 암세포는 텔로미레이스가 활성되어 있어. 텔로미어의 길이를 회복하기에 멈추지 않고 분열할 수 있는 거야.

텔로미레이스의 활성을 조절하면 암 치료도 할 수 있을 거야. 나아가 일반 체세포의 텔로미레이스를 적당히 조절할 수 있다면 우리는 늙지 않을 수도 있는 거지.

"크리스퍼가 텔로미레이스 조절 역할을 하겠네요."

그래, 과학자들은 지금 이 순간에도 생명 연장의 꿈을 안고 텔로미어를 연구하고 있을 거야.

미래 인류와 크리스퍼 유전자 가위

1862년 루이 파스퇴르(Louis Pasteur)는 그 유명한 백조목 플라스크 실험으로 생물은 생물로부터 나온다는 생물속생설을 확립해. 당시 몇몇 과학자들은 음식물을 그냥 두면 썩는 것을 보고 미생물이 음식에서 저절로 생겼다고 주장했어. 또 다른 과학자들은 고깃국을 끓이고 밀봉하면 미생물이 생기지 않는데, 공기가 들어가지 않았기 때문이라고 반박했지.

파스퇴르는 공기가 통하되 미생물이 생기지 않도록 백조목(S자형) 플라스크를 길게 만들었어. 공기는 통하지만, 세균이 중력을 거슬러 올라가지 못하고 수증기에 잡히도록 실험 설계했지. 그러자 미생물이 생기지 않았어. 1,000년 이상 과학계를 지배해 왔던

자연발생설이 부정되고, 생물속생설이 증명된 시점이야. 그렇게 생물은 생물로부터 만들어진다는 사실이 증명된 후, 멘델은 유전인자가 형질을 만든다는 유전법칙을 발표해. 곧이어 과학자들은 유전물질이 DNA임을 발견했고, 크리스퍼-캐스9으로 유전자를 조작하고, 새로운 생물을 만들어 내는 단계까지 왔어.

유전자 가위를 이용하면 인간의 유전 질환을 치료하고, 식량난을 해결할 수 있어. 심지어 인간 배아를 편집하면 질병이 없는 아이를 태어나게 할 수도 있지.

2016년 미국 하버드 대학교에서 사회 저명인사 150여 명이 모여 인간 유전체 합성에 대한 비공개 회의를 했다고 해. 사람들은 윤리 문제와 위험성을 들어 비난했지. 하지만 시간이 흐를수록 사람들은 인간 DNA의 편집에 너그러워질지도 몰라.

지금 유전자 가위 '특허 전쟁'이 일어나고 있는 것 아니? 특허 전쟁은 크리스퍼-캐스9을 연구한 공로로 노벨상(2020년)을 수상한 제니퍼 다우드나와 에마뉘엘 샤르팡티에게도 닥쳤어. 두 사람은 2012년 최초로 크리스퍼-캐스9 연구 결과를 발표했고, 다우드나는 캘리포니아 대학교에서 2012년 5월에 특허를 신청했어. 툴젠이란 회사에서는 같은 해 10월에 특허 출원을 신청했고, 브로드 연구소의 장펑(Feng Zhang)은 12월에 특허를 신청했어. 뭔가 이상

자연발생설에서 생물속생설로, 그리고 유전자 편집 공학으로

하지? 같은 크리스퍼 유전자 가위로 특허를 신청하다니 말이야.

하지만 연구 내용이 조금씩 달랐어. 다우드나는 세균과 같은 원핵세포로 실험했고, 툴젠은 핵막이 있는 세포인 진핵세포로 실험했어. 그리고 장펑은 사람 세포에서 유전자 편집 기술을 독자적으로 개발했다고 해. 물론 사람의 세포도 진핵세포지만 말이야.

이 전쟁에서 누가 승리했을까? 우리가 보기에 다우드나가 연구도 가장 빨랐고, 특허 신청도 빨랐으니 당연히 다우드나가 승리했을 것 같지만, 2014년 4월, 미국 특허청은 가장 늦게 신청한 장펑의 손을 들었어.

“정말 이상하네요. 뭔가 이유가 있겠죠?”

조금 이상한 법 때문이야. 미국은 특허 신청 시 웃돈을 더 주고 신속 검사를 요청할 수 있어. 당연히 가장 늦게 신청한 브로드 연구소는 신속 심사를 신청했는데 가장 먼저 검증이 이루어졌지. 그렇게 특허를 인정받은 거야. 당연히 다우드나의 버클리 대학교는 특허 저촉 소송을 제기해. 먼저 개발한 것은 다우드나와 샤르팡티에가 맞잖아. 그러니 그 공로로 노벨상도 수상한 것이고 말이야. 장펑의 브로드 연구소는 다우드나와 샤르팡티에가 개발한 유전자 가위를 조금 변형해서 다른 세포에 실험했던 것뿐이야.

“결론이 어떻게 됐나요?”

누가 먼저 연구했느냐를 조사하기 시작했어. 미국특허심판원은 2018년에 장펑의 손을 들어줬어. 장펑 연구 팀은 2012년 7월에 진핵세포에 유전자 가위를 적용하는 실험을 했고 그 실험에 성공했다고 해. 미국특허심판원은 이 기록을 인정해준 것이지. 결국 버클리 대학교 다우드나는 원핵세포 연구로 특허를 받고, 장펑의 브로드연구소는 진핵세포 연구로 특허를 받았어. 하지만 세균을 제외한 생물은 모두 진핵세포이므로 다우드나의 특허는 소용없었어. 버클리의 다우드나는 다시 항소했어.

우리나라 기업인 툴젠도 특허 전쟁의 한 축에 끼어 있어. 툴젠도 특허를 신청했거든. 툴젠의 첫 번째 특허 신청은 거절당했지만, 유전자 가위 정확도를 높이는 기술로 2020년에 드디어 특허를 받았지. 툴젠도 앞의 두 연구보다 자신들의 연구가 빠르다고 자신하고 있어. 당시 연구 노트와 기록이 있기 때문이지. 2023년에 특허의 윤곽이 나올 거야. 과연 어느 곳이 승리할까? 지금 세 곳의 연구소는 패배하면 막대한 손해를 보기에 서로 합의를 위해 노력하고 있다고 해. 그러면 모두 어느 정도의 특허를 인정받는 것이지. 중요한 기술인만큼 치열한 공방이 오가고 있어.

어쨌든 인류는 대단한 기술, 크리스퍼 유전자 가위 기술을 얻었어. 불완전하지만 3세대 크리스퍼-캐스9을 넘은 4세대 프라임 에디터도 개발되었지. 시간이 지날수록 유전자 가위 기술은 더욱 정교하고 정확하게 변할 거야.

이 유전자 가위에 관해 세계의 모든 사람이 의견을 나누고 고민할 필요가 있어. 유전자 해커처럼 법을 어기며 유전자를 조작하는 사람이 생길지도 모르고, 유전자 테러리스트가 생겨 언제 나의 유전자가 공격 받을지 걱정하는 시대가 올 수도 있어.

우리 모두가 밝은 미래를 상상하길 바라. 환경과 건강을 위해 유전자 가위 기술을 안전하게 사용하는 미래가 곧 오리라 믿어.

참고 문헌

- 욜란다 리지, 『유전자가위 크리스퍼』, 서해문집, 2021.
- 김정미·양혁준, 『크리스퍼 유전자 가위, 축복의 도구일까?』, 글라이더, 2021.
- 제니퍼 다우드나·새뮤얼 스턴버그, 『크리스퍼가 온다』, 프시케의숲, 2018.
- 존 그라빈, 『과학을 만든 사람들』, 진선출판사, 2021.
- 룰루 밀러, 『물고기는 존재하지 않는다』, 곰출판, 2021.
- 김응빈·김종우·방연상·송기원·이삼열, 『생명과학, 신에게 도전하다』, 동아시아, 2017.
- Burton E. Tropp, 『핵심 분자생물학』, 월드사이언스, 2016.
- Campbell 외 6명, 『캠벨 생명과학』 10판, 바이오사이언스출판, 2016.
- Lincoln Taiz 외 3명, 『핵심 식물생리학』, 라이프사이언스, 2022.

참고 사이트

- 과학 저널 네이처 www.nature.com
- 미국국립의학도서관 www.pubmed.ncbi.nlm.nih.gov
- 과학 저널 사이언스다이렉트 www.sciencedirect.com
- 미국국립과학원회보 www.pnas.org

사진 출처

- Shutterstock

15쪽 29쪽 33쪽 68쪽 86쪽 111쪽 139쪽 142쪽 146쪽 163쪽 182쪽 195쪽

원하는 키와 얼굴을 선택하세요!

초판 1쇄 인쇄일 | 2023년 5월 19일
초판 1쇄 발행일 | 2023년 5월 30일

지은이 | 윤자영
펴낸이 | 정은영
편 집 | 이형호 박진홍
디자인 | 서은영
마케팅 | 이언영 한정우 전강산
제 작 | 홍동근

펴낸곳 | (주)자음과모음
출판등록 | 2001년 11월 28일 제2001-000259호
주 소 | 10881 경기도 파주시 회동길 325-20
전 화 | 편집부 (02)324-2347, 경영지원부 (02)325-6047
팩 스 | 편집부 (02)324-2348, 경영지원부 (02)2648-1311
이메일 | jamoteen@jamobook.com
블로그 | blog.naver.com/jamogenius

ISBN 978-89-544-4902-1(43470)